ぼくたちは、なぜこれを選ぶのか

ミニマリスト
しぶ 監修

sanctuarybooks

物を手放しても
時間が経つと
また物に囲まれているあなたへ

はじめに

より少なく、しかしよりよく。

２０１０年代後半、「ミニマリスト」という言葉が広く知られるようになりました。必要最小限の物だけを携え、身軽に生きることの素晴らしさに、ぼくを含め多くの人が気づいたのです。

しかし、ミニマリストに憧れていざ行動に移してみると、

・物を減らしても、時間が経つとリバウンドしてしまう
・少ない物だけに囲まれて暮らしているのに、なぜか満たされない
・厳選したはずの物がお気に入りにならず、手放す↓また買う、のループに陥っている

といった壁にぶちあたるケースが多いようで、こうした相談が日々寄せられます。

不要な物を手放し、身も心も軽くするためにミニマリストをめざしたはずなのに、どうしてこのような事態に陥ってしまうのか。それは、本当に必要な物、何が自分にとって大切なのかがわかっていないからなのかもしれません。

２０１８年に『手ぶらで生きる。見栄と財布を捨てて、自由になる50の方法』（サンクチュアリ出版）という本を出させてもらい、今でこそミニマリストとして知られるぼくですが、幼少期を過ごしたのは、ほしいものはなんでも手に入る裕福な家庭でした。いうならば、ミニマリストとは真逆の「マキシマリスト」。

しかし、中学進学と同時に父親の自己破産をきっかけに両親が離婚。シングルマザーの母との生活は苦しく、「ほしい物が買えない自分は不幸だ」と、お金のことばかり考えて思春期を過ごしました。そのくせ、裕福な頃の記憶はあるから、プライドだけは高い嫌なヤツで。

ところが、ひとり暮らしを始めるにあたって、ふとGoogleで「冷蔵庫　なし」と検索したぼくは、ミニマリズムの考え方と出合います。そこから人生は一変、「物を増やしても幸せになれない」ということに気づき、次々と物を処分しました。

そんな「最小限の物だけで暮らすことのよさ」を書いた前作から5年。なぜ今、ミニマリストの「持ち物」にフォーカスした書籍を制作したのか？

その理由は、「捨て方の守破離」ではなく、「物選びの守破離」に使える書籍をつくりたかったから。守破離とは、茶道や武道における学びのプロセスを表す言葉です。まずは、先人の教えを守るところから始まり（守）、習得できたらその型を破る（破）。最終的には独自に発展させ、型から離れた己のスタイルを確立する（離）。

今、SNSを開けば、「いかに少ない物で生活するか」をめざし、物の数を減らすための片付け術や、捨てるためのマインドやノウハウが多くの場所で語られています。ミニマリストを志す初心者の方にとって、こうした「捨て方の守破離」は大いに価値のある情報です。

しかし、ぼくにいわせてもらえば、ミニマリスト生活のいちばんの醍醐味は「捨てる」ことよりも、「減らしたあとに、何を残したか」の部分にあります。

より少なく、身軽に生活しようと厳選を続けていると「何をどれだけ持っているのか、自分の所有物すべてを把握していて、一つひとつの物について所有の理由を語れる」という状態になります。いわば、少数精鋭だけの暮らし。

「テレビを持っている人はミニマリストといえるか？」といった議論や、「〇個以下の持ち物で暮らしている」などのミニマム自慢は、はっきりいってどうでもいい。

それよりも、少なくする過程で何を優先し、「なぜそれを選んだのか」を語れる人こそが、真のミニマリストだとぼくは思います。

ミニマリストは「物に興味がない」と思われがちですが、むしろ逆で、「物選びのエキスパート」なのです。この本では、そんなエキスパート１００人のデータをとることで、ミニマリスト生活にフィットする持ち物や習慣をあぶり出しました。つまり、この本を読めば「ミニマリストの最適解」がわかります。

少ない持ち物で生活することは、自分にとっての「ベストを見つける旅」。この本が、あなたにとっての「物選びの守破離」となれば幸いです。

Contents

はじめに　4

CHAPTER1

FASHION
ファッション

半袖トップス　ユニクロ クルーネックTシャツ　16
長袖トップス　ヘインズ 白Tシャツ　18
ボトムス　ユニクロ タックワイドパンツ　20
アウター　ユニクロ ウルトラライトダウン　22
靴　アディダス スタンスミス　24
サンダル　ウーフォス リカバリーサンダル　26
靴下　無印良品 足なり直角靴下　28
下着　ユニクロ　30
肌着　ユニクロ　32
メガネ　JINS　34
カバン　無印良品 肩の負担を軽くする撥水リュックサック　36
時計　Apple Watch　38
財布　アブラサス 薄い財布　40
名刺入れ　アブラサス 薄い名刺入れ　42
ポーチ　無印良品 ポリエステル吊るして使える着脱ポーチ付ケース　44

エコバッグ　シュパット　46
マスク　CICIBELLA　48
【あの人はなぜこれを選ぶのか】　鳥羽恒彰編　50

CHAPTER2

GADGET

ガジェット

スマートフォン　iPhone　52
スマホケース　iFace　54
パソコン　MacBook Air　56
タブレット　iPad　58
マウス　Apple Magic Mouse　60
キーボード　Apple Magic Keyboard　62
イヤホン　AirPods Pro　64
スピーカー　BOSE SoundLink Mini II Special Edition　66
カメラ　SONY「α7C」シリーズ　68
ゲーム機　Nintendo Switch　70
【あの人はなぜこれを選ぶのか】　南和繁編　72

Contents

CHAPTER3

LIFE
暮らし

洗濯機 Panasonic ドラム式洗濯乾燥機 74

掃除機 マキタ 充電式クリーナ 76

電子レンジ BALMUDA The Range 78

炊飯器 象印 STAN. IH炊飯ジャー 80

ドライヤー Panasonic ヘアードライヤーナノケア 82

寝具 アイリスオーヤマ エアリーマットレス 84

ソファ ニトリ 86

テーブル 無印良品 88

いす カール・ハンセン&サン Yチェア 90

プロジェクター アラジンエックス ポップインアラジンシリーズ 92

スキンケア用品 無印良品 94

コスメ &be 96

シャンプー cocone クレイクリームシャンプー 98

タオル 無印良品 100

歯ブラシ フィリップス ソニッケアーシリーズ 102

本棚 無印良品 スタッキングシェルフ 104

掃除用品 東邦 ウタマロクリーナー 106

手帳 Googleカレンダー 108
ノート 無印良品 110
文具 三菱鉛筆 ジェットストリーム 112
傘 Wpc. 折りたたみ傘 114
【あの人はなぜこれを選ぶのか】 藤原華編 116

CHAPTER4

FOOD
食生活

野菜 ブロッコリー 118
魚 サーモン 120
肉 鶏胸肉 122
果物 バナナ 124
炭水化物 白米 126
調味料 塩 128
缶詰 サバ缶 130
冷凍食品 ニチレイ 本格炒め炒飯 132
プロテイン マイプロテイン 134
鍋 ストウブ ピコ・ココット 136
調理ツール 無印良品 シリコーン調理スプーン 138

Contents

食器　イッタラ ティーマ　140

コップ　無印良品　142

水筒　サーモス　144

外食　サイゼリヤ　146

【あの人はなぜこれを選ぶのか】エリサ編　148

CHAPTER5

HABIT

習慣

運動　筋トレ　150

睡眠法　寝る前にスマホを見ない　152

健康法　散歩　154

ストレス発散法　寝る　156

本　『ぼくたちに、もうモノは必要ない。』　158

映画　『マイ・インターン』　160

漫画　『SLAM DUNK』　162

サプリ　California Gold Nutrition Vitamin D3　164

趣味　読書　166

投資　つみたてNISA　168

アプリ　Instagram　170

サブスク　Amazonプライム　172

手放してよかったもの　服　174

最初に片付けた場所　クローゼット　176

お金を惜しまないこと　旅行　178

ふるさと納税の返礼品　お米　180

【あの人はなぜこれを選ぶのか】　ミニマリストしぶ編　182

おわりに　184

巻末付録　ミニマリスト流 少数精鋭の物選びメソッド7選　189

取材協力ミニマリスト一覧　198

参考ウェブサイト　202

監修者プロフィール　205

CHAPTER1

FASHION

ファッション

半袖トップス

Short-sleeve

ユニクロ
クルーネックTシャツ

1枚は持っていたい、
無駄のないデザインのシンプルTシャツ

POINT

- コットン100%なのにシワになりにくい
- 豊富なカラーバリエーション
- 1,000円台という驚きの低価格

ユニクロの「クルーネックＴシャツ」は、しっかりとした着心地が持ち味の定番Ｔシャツ。無駄のないシンプルなデザインで、カジュアルにも、きれいめにも、１枚持っておけばさまざまなスタイルに着こなせる名品です。カラーバリエーションも豊富なので、コーディネートに合わせて何枚か持つのもいいでしょう。

コットン１００％でありながらハリがあり、インナーとしてはもちろん、１枚で着ても見栄えします。生地がしっかりしていて、シワになりづらいのもうれしいところ。「洗濯しても首元がヨレない」と、その耐久性の高さを評価する声もありました。何より、１０００円台というリーズナブルさ、４ＸＬまであるというサイズ展開の豊富さはユニクロならでは。毎年出ている定番品なので、買い替えも安心です。

長袖トップス
Long-sleeve

ヘインズ
白Tシャツ

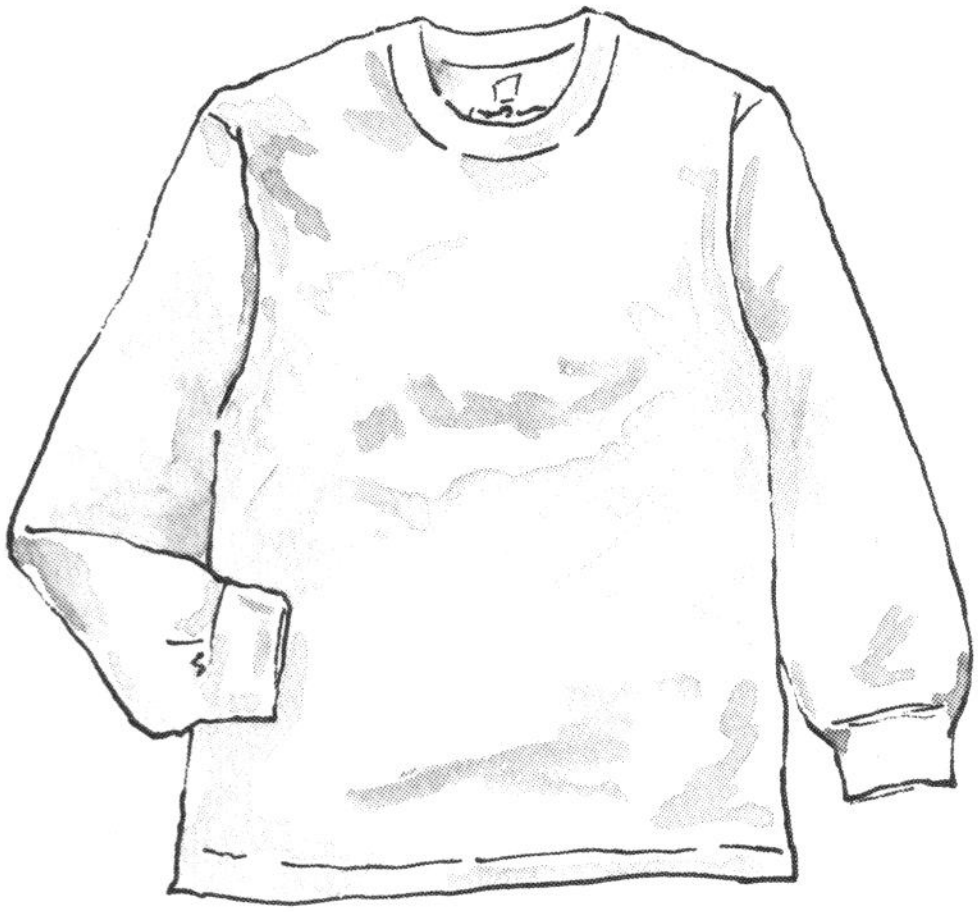

着まわしに欠かせない便利なアイテム

POINT

- 1枚で着ても、重ね着しても決まる
- 丈夫なつくりで首まわりもへたらない
- いつでもどこでも気軽に買える

1901年にアメリカで誕生、120年の歴史を持つヘインズ。もともとは下着として着られていたTシャツを、1枚で着られる〝アウター〟へと格上げした立役者です。代名詞ともいえる「パックTシャツ」は、誰もが一度はお世話になったことがあるでしょう。

長袖の白Tシャツは、1枚で着ても決まるし、重ね着にも重宝する万能アイテム。丈夫でガシガシ着てもへたらず、首まわりのヨレも気になりません。「子どもと遊んで汚れてしまっても、いつでもどこでも気軽に買える」という、汎用品ならではのメリットも。ヘビーウェイトコットンを使用したタフなつくりが人気の「BEEFY」、日本人の体型に合うフィット感を追求した「Japan Fit」など、豊富なラインナップのなかから好みに合わせて選ぶことができます。

ユニクロ
タックワイドパンツ

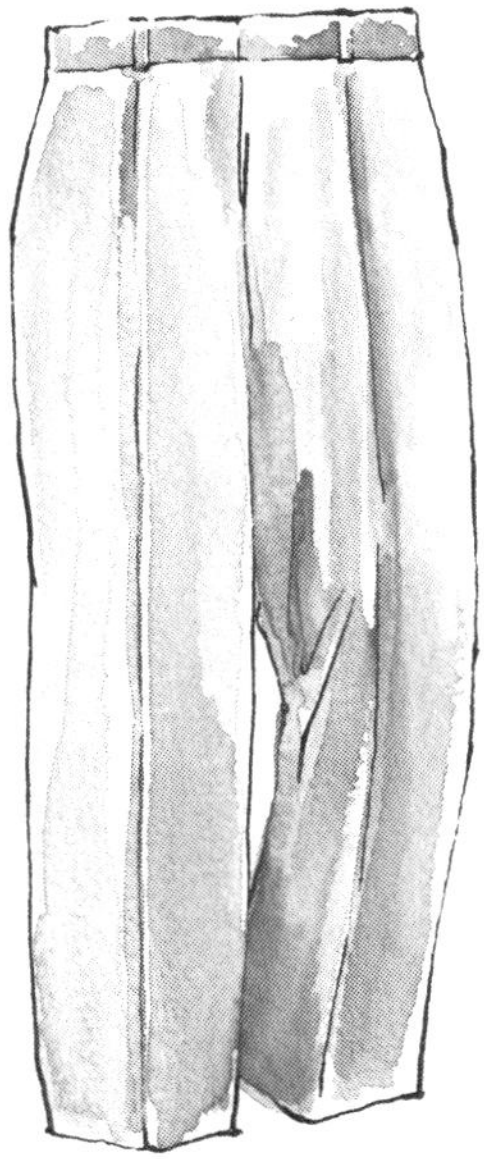

きれいなシルエットで高見え効果

POINT

- シルエットが美しく、高見え効果抜群
- オールシーズン着用できる
- ビジネスシーンでも活躍

男女ともに票を集めたユニクロの「タックワイドパンツ」は、たてにも横にも伸びる２ＷＡＹストレッチで、ストレスなくラクに履けるのが特徴。すっきりとしたシルエットが美しく、高見え効果が期待できるボトムスとして人気を集める定番アイテムです。毎シーズン、トレンドをとり入れつつ、アップデートが続けられています。

シワになりにくい、ハリのある上品な質感が持ち味。コーディネート次第で、カジュアルからビジネスまで、幅広いシーンをカバーしてくれます。自宅で簡単にお手入れできるのもうれしいですよね。色だけでなく素材にもバリエーションがあり、オールシーズン履けるタイプのものも。「ボトムスはこれ１本あればＯＫ」と豪語するミニマリストもいました。

ユニクロ
ウルトラライトダウン

「軽くて暖かい」。
究極の二律背反を実現

POINT

- ダウンジャケットらしからぬ軽さ
- コンパクトにたためて持ち運びに便利
- 自宅で簡単にお手入れができる

ユニクロ独自の技術で驚きの軽さを実現した「ウルトラライトダウン」。高品質のダウンを使用することで、軽さからは想像できないほどの暖かさも兼ね備えています。２００９年の販売開始以来、年々アップデートを重ね、長年のファンからは「どんどん軽くなっていく」という驚きの声も挙がっています。

折りたたむとかなりコンパクトにまとまり、持ち運びのためのポーチも付属しています。「これのおかげで、登山専用のアウターを買う必要がなくなった」という人も。物を増やしたくないミニマリストにとって、日常と趣味の両方で使える物はありがたいですよね。薄いので、インナージャケットとしても活躍。高品質のダウンジャケットながら、自宅でお手入れできるのも◎。オフシーズンはクローゼットでかさばりません。

靴

Shoes

アディダス
スタンスミス

どんな服装にも合う、永遠のシンプル

POINT

- 「世界一売れている」定番スニーカー
- オンオフを問わない、シンプルな白
- しっかりしたつくりで歩いても疲れにくい

「世界で最も売れたスニーカー」としても名高い、アディダスの「スタンスミス」。あまたある白スニーカーのなかでも、特に「シンプル・イズ・ベスト」な名品として、ミニマリストたちから高く評価されています。

オンオフ問わず、どの年代の人の、どんな服装にも合う、定番中の定番です。「中学生の頃から履いている」「他の白スニーカーを買っても、結局スタンスミスに戻ってきてしまう」という長年のファンも存在。飽きずに履ける独特の魅力がありますよね。履き潰したらすぐに買い替えられるのも、定番品ならでは。

もちろん、ファッション性だけでなく、「歩きやすく、疲れない」「消耗しにくい。1年以上履けている」と、スニーカーとしての機能もバッチリです。

サンダル

Sandals

ウーフォス
リカバリーサンダル

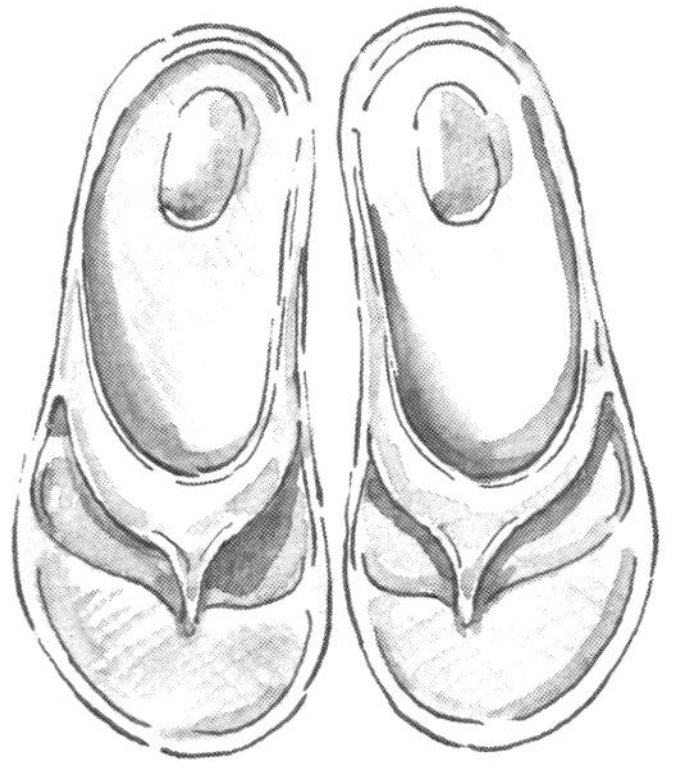

長時間歩いても疲れない
高機能サンダル

POINT

- 足裏や関節への負担を軽減
- 人間工学に基づいて設計されたインソール
- ファッション性も高いシンプルなデザイン

足の疲労回復を目的としたリカバリーサンダルは、ここ数年、人気が急上昇しているトレンドアイテム。衝撃を吸収する素材を使い、足裏や関節への負担を軽減。クッション性があるため、長時間歩いても疲れません。

なかでも人気なのが、アメリカ・マサチューセッツ生まれ、リカバリーシューズのパイオニアブランド「OOFOS（ウーフォス）」。2018年2月に日本上陸し、瞬く間に人気を博しました。特殊素材のOOfoam™が、一般的なサンダルと比べ、衝撃の反発を37%もカット。人間工学に基づいて設計されたインソールが足をやさしく包み込み、土踏まずをしっかりサポートしてくれます。「ビーチサンダルは苦手だけど、ここのだけは痛くならない」「1万歩歩いても疲れない」「人生でいちばん履き心地がいいサンダル」など、ミニマリストたちが絶賛。シンプルなデザインは、どんなファッションにもよくなじみます。

靴下

Socks

無印良品
足なり直角靴下

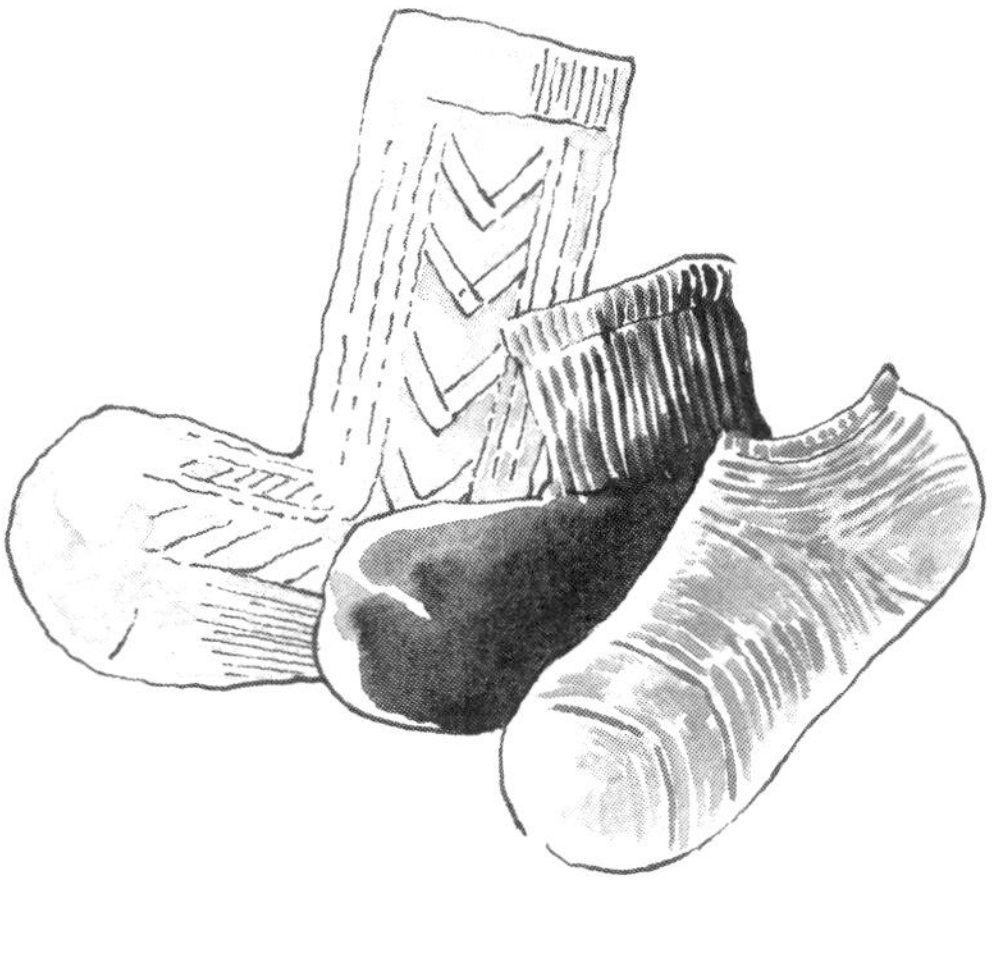

抜群のフィット感。
シンプルで飽きのこない定番アイテム

POINT

- シンプルで丈夫。丈の長さもちょうどいい
- 抜群の履き心地
- 定番品だから、買い替えも安心

人のかかとに合わせて90°の形に編み立てた、無印良品の「足なり直角靴下」。シンプルなデザインと抜群のフィット感が人気で、「これしか履かない！」というミニマリストも多いですね。コスパがいいうえに、丈夫で長持ちするのもポイントです。

ふくらはぎのまんなかぐらいまであるレギュラー丈の他、ショート丈、スニーカーイン、フットカバーもラインナップ。色や素材のバリエーションもあるので、シーン別に揃えることも可能です。どんなときでも履き心地のいい靴下を履いていられるというのは、幸せなことですよね。

「同じ色を何足も持ってローテーションしている」という人も。定番品だから欠品の心配もなく、買い替えもラクラク。無印まで行かなくても、なんならローソンでも買えちゃいますからね。片方がだめになっても、買い足せばOK。残ったもう片方を無駄にすることもありません。

下着

Underwear

ユニクロ

多様なラインナップで、
商品ごとに固定ファンを獲得

POINT

- 定番商品だから、販売終了のリスクなし
- サラッとして履き心地抜群（エアリズムシリーズ）
- 下着のラインがアウターに響かない（シームレスシリーズ）

「ベスト下着」には、ユニクロの商品が複数挙がりました。用途や機能別に多様なラインナップが展開されていますが、商品ごとに根強いファンがいる様子がうかがえます。

いまや夏の定番となったエアリズムシリーズは、そのサラッとした肌触りがミニマリストたちにヒット。「締め付けがなく、履き心地もよい」「すぐに乾くのがありがたい」などの意見が寄せられました。縫い目をなくしたシームレスシリーズも、「下着のラインがアウターに響かない」と高評価です。

他にも、「ローライズ・前閉じがポイント」（スーピマコットンボクサーブリーフ）など、特定の商品を推す声が多数。いずれも定番商品で、販売終了のリスクも小さく、気軽に買い替えができるのもポイントです。

肌着

Innerwear

ユニクロ

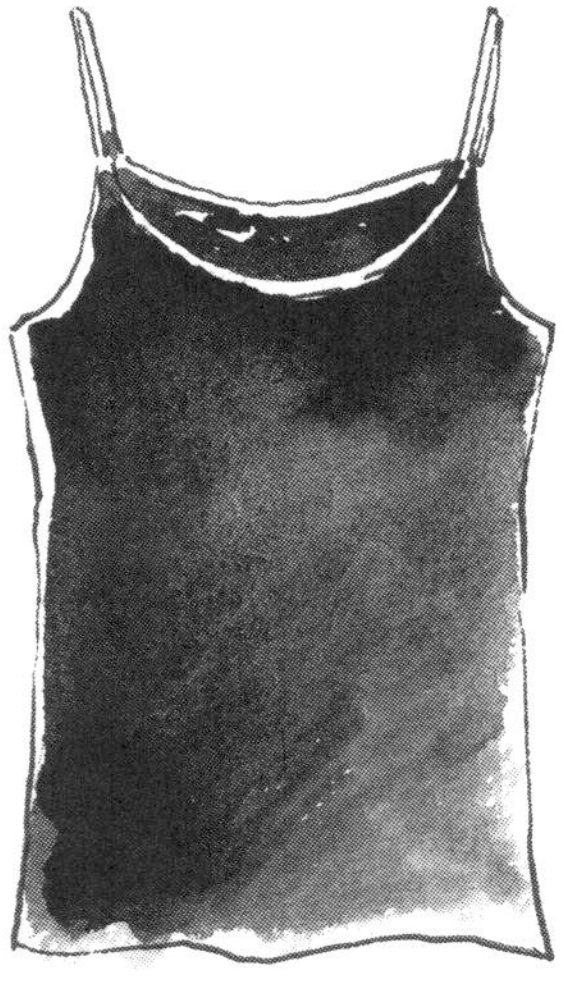

「夏のエアリズム」「冬のヒートテック」
最強の機能性肌着

POINT

- 技術力のおかげで夏は涼しく、冬は暖かい
- 毎年同じシリーズが発売されるので、買い替えも安心
- 年々改良を重ねる企業努力に脱帽

エアリズムにヒートテックと、季節に合わせたさまざまな機能性肌着を開発し続ける「ユニクロ」が、ミニマリストからの圧倒的な支持を獲得。エアリズムは「速乾性があり、真夏に汗をかいても不快感がない」「透けることなく、シームレスなデザインでお洋服に響かない」、ヒートテックは「薄いのに保温性が高い」「北海道の冬にも耐えられる暖かさ」などの意見が寄せられました。

いずれの商品にも共通していた意見が、肌触りのよさ。女性からはカップ付きのブラトップシリーズを推す声も多く、「これの上に何か羽織ればすぐにお出かけできる」と高評価でした。

そして、これだけ技術の粋を集めた商品でありながら、お財布にやさしい価格なのもうれしいですよね。ワンシーズンで着倒して、また翌年、同じシリーズを新たに買うという方が多いのにも納得です。さらに、毎年少しずつ改良されているのも驚き。ユニクロさんには頭が下がるばかりですね。

メガネ

Glasses

JINS

安くておしゃれ。
コスパメガネの金字塔

POINT

- おしゃれなメガネが安価で手に入る
- 豊富なデザインのなかから選べる
- 店舗数が多く、メンテナンスがしやすい

コスパ最強メガネと名高い「ＪＩＮＳ」。デザインやレンズの種類が豊富で、どんな人でも納得のいくメガネを選ぶことができます。安価ながらも物はしっかりしているので、「長く使えるのがいい」という声も多数寄せられました。通常のメガネだけでなく、サングラスも人気。ＰＣに向き合う時間が長い人は「ブルーライトカット」もおすすめです。

全国各地の駅ビルやショッピングモールなど、身近な場所で買えるのも高評価ポイント。購入当日に仕上がるのもうれしいですよね。視力検査やレンズ交換、ネジの調整などすべてがスピーディーで、行き届いたサービスは業界大手ならでは。そして、メンテナンスも無料。店舗数が多いから、何かのついでにちょっと立ち寄れる手軽さも魅力です。安価なので、防災グッズに入れておく緊急用のメガネをここで買ったという人も。

無印良品
肩の負担を軽くする撥水リュックサック

カバン

Bag

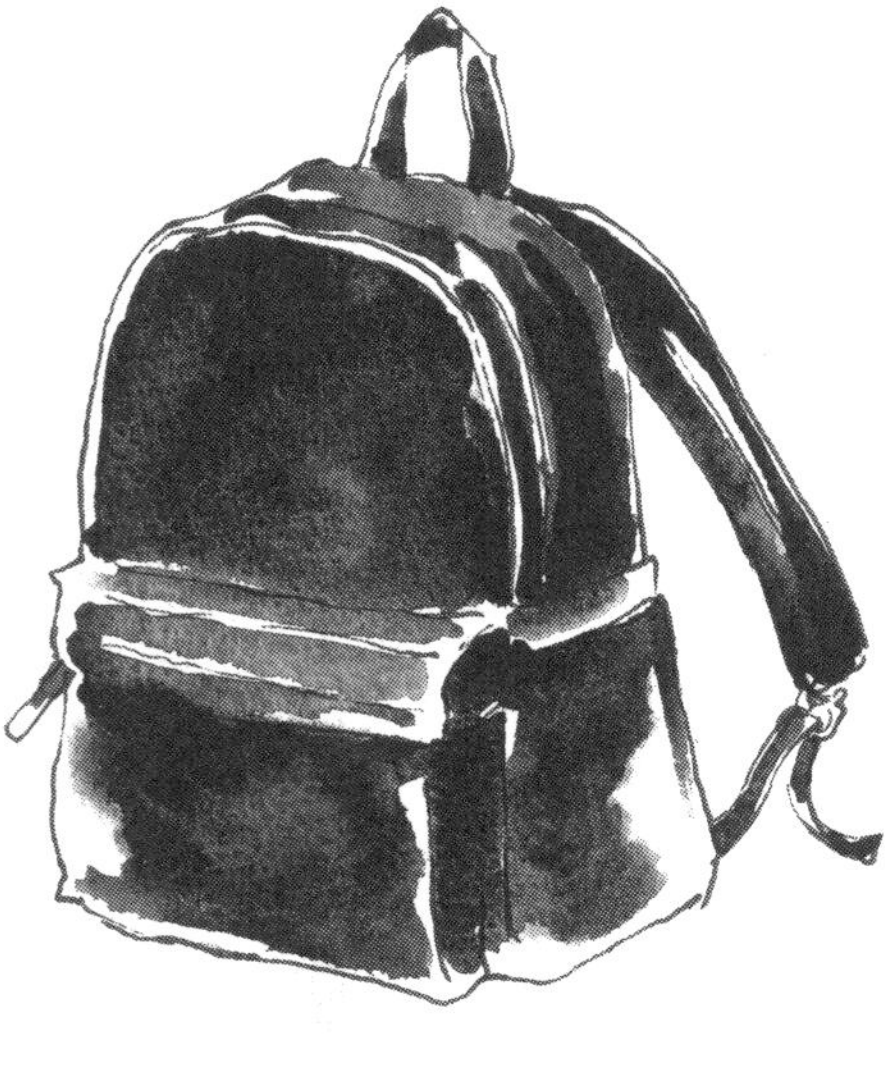

たくさん物を入れても、
肩が痛くならない

POINT

- 特許技術により、リュックサックの肩紐の食い込みを軽減
- 落ち着いた印象のダークカラー
- 必要最小限の機能とシンプルなデザイン

カバンのベストに選ばれたのは、無印良品の「肩の負担を軽くする撥水リュックサック」です。名称にもある「肩の負担を軽くする」秘訣は、無印オリジナル技術の肩紐。重い荷物を背負ったときにかかる荷重が、肩紐幅全体にかかり圧力が分散するように設計されており、無印の特許になっています。紐が肩に食い込む不快感から解放され、疲れることなく、颯爽とリュックサックを背負うことができます。

もちろん、見た目は無印らしいシンプルなデザイン。黒をはじめとするダークなカラー展開で、落ち着いた印象を与えてくれます。

機能性も高く評価されています。抜群の収納力で、ＰＣ収納ポケットや仕切りポケットも充実。水筒や折りたたみ傘を入れられるサイドポケットもついています。逆に、余計な機能はいっさいついていないのも無印らしいところ。３９９０円というお手頃価格なのもうれしいですよね。

時計

Watch

Apple Watch

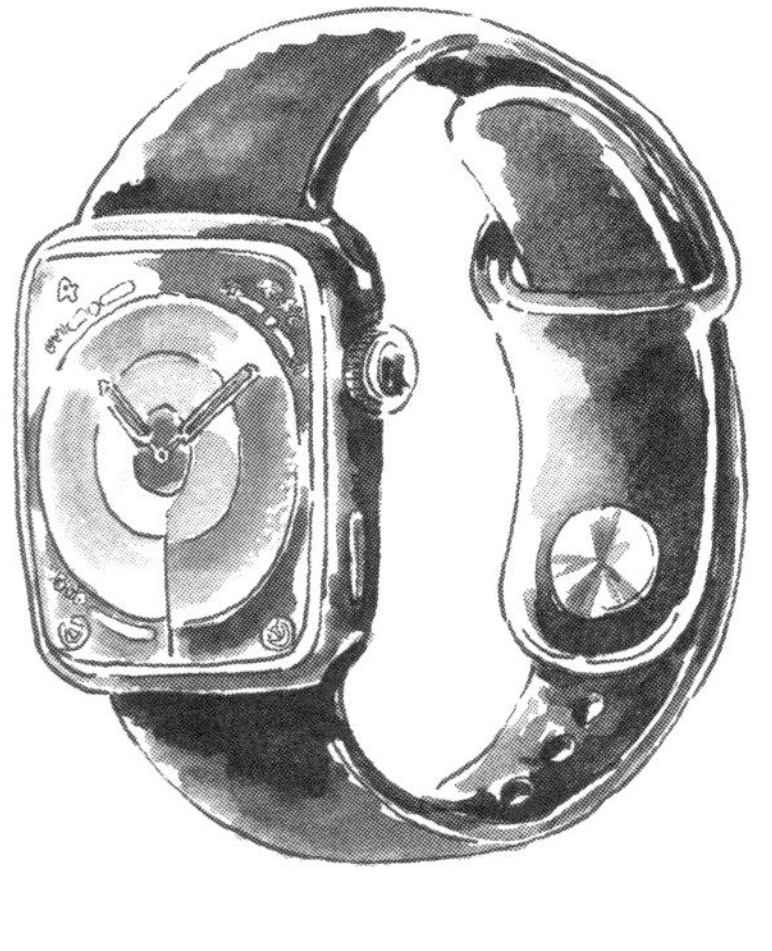

決済も健康管理も。
Appleが誇る多機能ウォッチ

POINT

- あらゆる機能が集約された次世代時計
- スマホを出さなくても決済ができる
- ボディ1個でも、バンドを変えれば雰囲気が変わる

「Apple Watch」最大の特徴は、もはや時計の枠を超えた多機能性。スマホとの連携により、ＳＮＳやＬＩＮＥの通知確認や、キャッシュレス決済も可能。交通系ＩＣカードとの連携で、Apple Watchをかざすだけで改札を通ることもできます。また、心拍数や睡眠データなどさまざまな生体データの取得により、健康管理もサポートしてくれます。

現代人の悩みである「スマホ依存」の対策としても、Apple Watchが有効。時間や通知を確認するためにスマホを見るという人も多いと思いますが、時計を見るだけのつもりが、そこからＳＮＳを見始めてしまったりと時間を無駄遣いするハメに……その点、Apple Watchはできることが限られているのでダラダラとスマホを触る時間を減らすことができます。

バンドのバリエーションも豊富なので、何本か所有して、シーンごとに雰囲気を変えるミニマリストもいるようです。

アブラサス
薄い財布

ポケットのなかはこれとスマホだけ。
手ぶらでのお出かけが実現

POINT

- とにかく小さくて軽い！　ポケットに入れても快適
- 小銭を入れてもコンパクト
- ワンアクションで小銭もお札もとり出せる

今でこそミニマリスト御用達アイテムになっていますが、なんとこの財布が開発されたのは10年以上も前のこと。言葉として「ミニマリスト」が流行る前から発売されているのですから、先見の明がすごい。

とにかく小さくて軽いのが持ち味で、ポケットに入れてもまったく気になりません。カギなどを入れる〝ちょっとしたポケット〟もついていて、バッグを持たない手ぶらでの外出を強力にサポートしてくれます。

薄さを保ちつつも、小銭は９９９円まで15枚しっかり枚数が入る設計になっていて、カードも５枚と収納力にも問題なし。ワンアクションで小銭もお札もとり出せるのもポイントですね。またアブラサスには「小さい財布」やサイズ違いもありますが、１位になったのは「薄い財布」で、ポケットに入れている時間が長いからこそ「小ささよりも薄さ重視」の方が多かったです。

名刺入れ

Cardcase

アブラサス
薄い名刺入れ

究極の薄さと必要最小限の機能

POINT

- 「名刺＋レザー」の厚みだけ
- 場が和む楽しい名刺のとり出し方
- 不要な機能を排除した究極のシンプルデザイン

「ベスト財布」に続き、「ベスト名刺入れ」に選ばれたのもアブラサスの「薄い名刺入れ」でした。最大の特徴は、その名のとおりの薄さ。いらない機能を極限まで削ぎ落とし、「名刺をレザーで包んだだけ」の感触を実現しています。ポケットに入れても違和感はありません。

名刺入れ本体を両サイドから握ると、底の部分が折れ曲がり、上から名刺が飛び出してくる仕組み。ワンアクションでスムーズに、楽しく自己紹介ができます。初対面の人との会話が弾むきっかけにもなるでしょう。名刺交換という限られた機会にしか使わないアイテムだからこそ、こうした遊び心のあるアイデアがうれしいですよね。

高級感のあるヌメ革素材で、レギュラーはブラック、チョコ、キャメルの3色展開。アブラサスならではのシンプルなデザインがミニマリストに刺さります。

ポーチ

Pouch

無印良品
ポリエステル吊るして使える着脱ポーチ付ケース

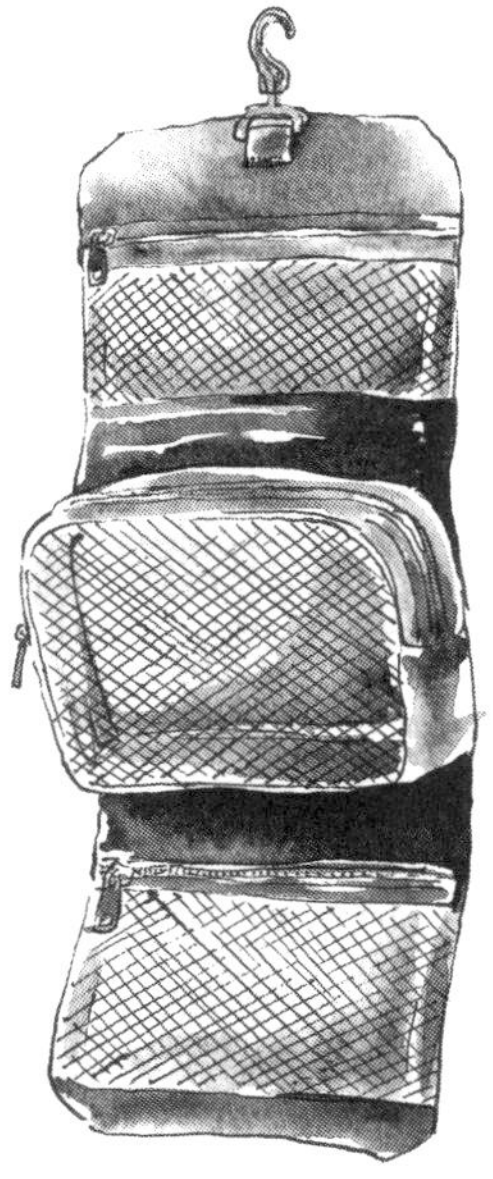

細かいものを整理するのに最適

POINT

- コンパクトながら収納力抜群
- 「吊るせる」という付加価値
- 旅行や出張に便利

多くのミニマリストから「旅行や出張に最適！」と絶賛されている「ベストポーチ」が、無印良品の「吊るして使える着脱ポーチ付ケース」です。コンパクトに３つ折りできるケースの中央は、ボタンで着脱できるポーチが付属。大浴場などへ行く際は、ポーチだけを持って行くことも可能です。さらに、ケースにはフックがついているので、広げてバスルームや部屋のなかに吊るして使うことができます。

３つの収納スペースで、収納力は抜群。旅行や出張に必要な細々したものを、整理整とんしながらすべて入れることができます。メッシュ仕様なので、何が入っているのか一目でわかるのもポイント。普段から使っていれば、旅行や出張のためにわざわざ詰め替える必要もありません。

エコバッグ

Eco bag

シュパット

たたむわずらわしさからの解放

POINT

- 両端を引っ張って、丸めるだけ。たたむのが簡単
- ゴルフボール大のコンパクトさ
- 選ぶのが楽しい、豊富なデザイン

２０２０年にレジ袋の有料化が開始され、エコバッグが日常的な持ち物のひとつに仲間入りしました。エコ意識の高い方は、それよりも前から持ち歩いていたでしょうか。

ミニマリストたちが選んだのは、「シュパット」。「名前のとおり、〝シュパッと〟しまえる」という声が挙がったように、この商品の持ち味は使ったあと、エコバッグをしまうときに発揮されます。生地にプリーツ加工を施し、しっかり折り目をつけることで、たたみやすさを実現。バッグの両端を引っ張ると一気に帯状になり、あとはくるくる丸めるだけでコンパクトにまとまります。

ゴルフボール大という驚きのコンパクトさも人気の秘訣。カギやスマホにぶら下げれば、手ぶらでのお出かけも叶います。サイズのバリエーションもあり、ライフスタイルに合わせて選ぶことが可能。豊富なデザインのなかからお気に入りを見つけるのも楽しいですね。

マスク

Face mask

CICIBELLA

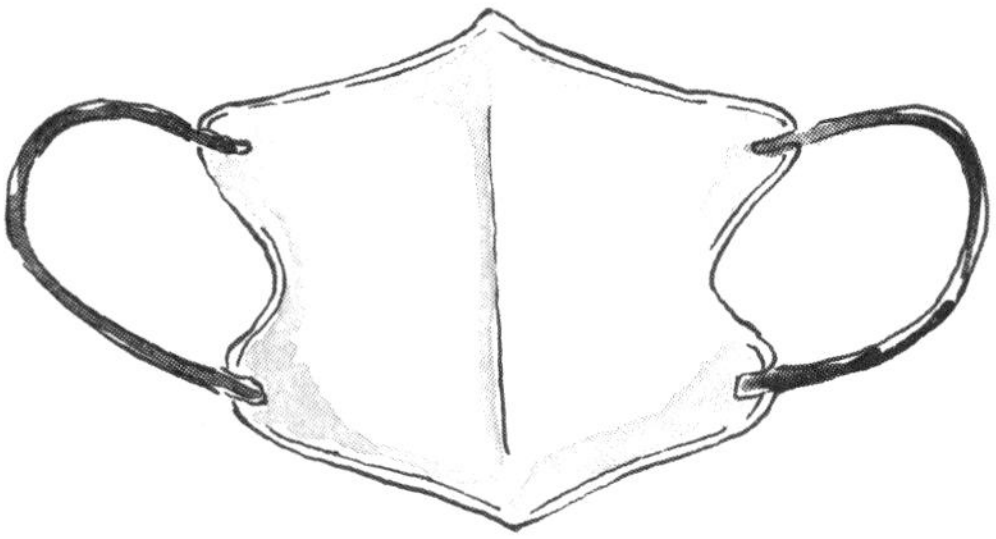

つけるだけでおしゃれ！
小顔効果抜群の立体マスク

POINT

- とにかく小顔に見える！
- 顔色華やぐニュアンスカラー
- ファッションや気分に合わせて選べる豊富なカラバリ

　コロナ禍以降、生活の必需品としてすっかり定着したマスク。コロナ禍当初は売り切れ騒動もありましたが、今では、お気に入りのマスクをしっかり〝選ぶ〟時代になりました。

ミニマリストたちが選んだのは「CICIBELLA（シシベラ）」。3Dから5Dのタイプまである立体的なデザインで、小顔効果抜群。ニュアンスカラーが顔まわりの発色を華やかに見せてくれます。カラーバリエーションも豊富で、服装や気分に合わせてその日の色を選ぶという人も。紐の色が異なるタイプも人気です。もちろん、「つけ心地がよい」と機能面も評価されています。

　いまや、マスクはファッションやメイクの一部といえるでしょう。ドラッグストアで安売りになっている物を買うのもいいですが、お気に入りのブランドを見つけて、自分をアゲるアイテムのひとつにしてみては？

あの人はなぜこれを選ぶのか

鳥羽恒彰 編

（ブロガー、YouTuber。YouTube「トバログ」管理人）

靴　TIGER ALLY ／オニツカタイガー

日本人の足に最適なスニーカー。フィット感が心地よく、かつスウェードの質感も好みで、かつ価格もリーズナブルな点がよい。もうかれこれ10足ほどリピートしている。

キーボード　HHKB Hybrid Type-S 雪／ PFU

社会人になってからずっと愛用しているキーボード。持ち歩くのには重たいけれど、スコスコと心地よい打鍵感がやみつきで、いつも持ち歩く。無刻印モデルならミニマリストも納得のデザイン。

カメラ Leica M10 ／ Leica

デザインも写りも最高なカメラ。フリーランスになったタイミングで購入し、出かけるときにはいつも持ち歩く。ちょっとした散歩でも、カメラを首から下げるとシャッターチャンスを探して、楽しく街を歩ける。

いす 04 ／ Vitra

デザインがとにかく好きなオフィスチェア。ミニマルな見た目のわりに座面がやわらかく、普段のいすとしてもオフィスチェアとしても使いやすい。

コップ　うすはり タンブラー ／松徳硝子

ビールもハイボールも、お酒のおいしさがダイレクトに伝わる薄いガラスのタンブラー。見た目と機能性のバランスが美しい。

お金を惜しまないこと 仕事道具全般

いい仕事をするには道具は惜しまないこと、というインターン時代の編集長の教えをまねて、仕事道具は金額を考えずに機能性とデザインを最優先で揃える。

CHAPTER2

GADGET

ガジェット

スマートフォン

Smartphone

iPhone

きれいな写真を思うがままに
高度なカメラ性能

POINT

- きれいな写真がサクサク撮れる
- ビジネス、プライベート問わず幅広く活用可能
- ライフスタイルに合わせて機種を選択

約8割のミニマリストが、iPhoneシリーズを「ベストスマートフォン」に挙げてくれました。日本でのiOS普及率が約7割なので、ミニマリストになるとさらに使用率が高いというデータに。最も多かった理由は、カメラ性能の高さ。画質がいいだけでなく、「きれいな写真がストレスなくサクサク撮れる」と、操作性や機能性を評価する声も多数挙がりました。また写真やデータをBluetoothで簡単に転送できる「AirDrop」も人気で、iOS同士のみで真価を発揮できる機能もあり、MacBookやiPadなど、他のApple製品との連動性も◎。

年々、新しい機種が登場し、そのつど買い替えるという人もいれば、「日常使いならこれで十分」と、少し前のモデルを長く愛用する人も。最近はスマホの大型化も加速している反動か、軽量で小さい「mini」シリーズを愛用するミニマリストも多数いました。

スマホケース

Phone case

iFace

何度落としても画面割れしない、
お守りのような存在

POINT

- とにかく頑丈！　落としても割れない
- グリップ感があって持ちやすい
- スマホのデザインを損なわないシンプルさ

スマホケースのベストに選ばれたのは、韓国発のスマホグッズブランド「iFace」です。シンプルなデザインが特徴で、特にiPhoneユーザーからは「ケースをつけてもiPhoneらしさが失われない」「クリアケースを選べば、Appleのロゴマークが隠れない」という意見が寄せられました。

デザインだけでなく、「グリップ感があって持ちやすい」と機能面も◎。そして何より、見た目のかわいらしさとは裏腹に、いちばんの評価ポイントは頑丈さ。背面もサイドもがっちりカバーしてくれて、「何度落としても画面が割れない」「これ以外はもう使えない」といった声が多く挙がりました。ヘビーなスマホユーザーにとって、お守りのような存在といえるでしょう。

パソコン

Computer

MacBook Air

クリエイティビティを刺激する、
驚きの薄さと速さ

POINT

- 12ミリにも満たない薄さで持ち運びに便利
- 圧倒的な作業の速さ
- 無駄のないスタイリッシュなデザイン

「MacBook Air」「MacBook Pro」「MacBook」と、MacBookシリーズが回答の半数を占めました。パソコンとは思えない美しい筐体《きょうたい》は、まるでアートやインテリアのように空間になじむデザイン。純粋に「かっこいいから」という理由で買った人も多いのでは。ぼくそのひとりです。

さて、なかでもミニマリストたちから圧倒的な人気を誇ったのが「MacBook Air」。12ミリにも満たない驚きの薄さは持ち運びに便利。さらに、作業が非常に速いのも特徴です。iCloudやAirDropを駆使すれば、他のデバイスとの連携も容易。ビジネスはもちろん、動画編集などのクリエイティブな作業をするのに最適です。無駄のないスタイリッシュな見た目もミニマリストから高く評価されています。

タブレット

Tablet

iPad

全世界からの圧倒的な支持
iPhoneと同じ操作性

POINT

- iPhoneと同じように使えるのでストレスがない
- 他のApple製品と連動して使える
- 中古で安く買えることも

最近は「パソコンを持っていなくて、代わりにiPadを使っている」という人も増えてきました。スマホを使い慣れている人にとって、まったく同じ操作性の「iPad」は最もストレスなく使えるタブレットPCといっていいでしょう。AirDropなどの機能をフル活用し、iPhoneやMacBookと連携させて使う人も多かったです。イラストを描くお仕事の人からの評価が高かったのも特徴的でした。

ちなみに今回、「iPad」「iPad mini」「iPad Air」「iPad Pro」で約半分の回答を占めました。Appleのタブレットの世界シェアは38%、2位のサムスンの2倍（2022年調べ）となっていますから、いかにApple社のタブレットが世界から支持されているかがわかりますよね。出まわっている数も多いので、「中古で安く買えた」という人も。

マウス

Mouse

Apple
Magic Mouse

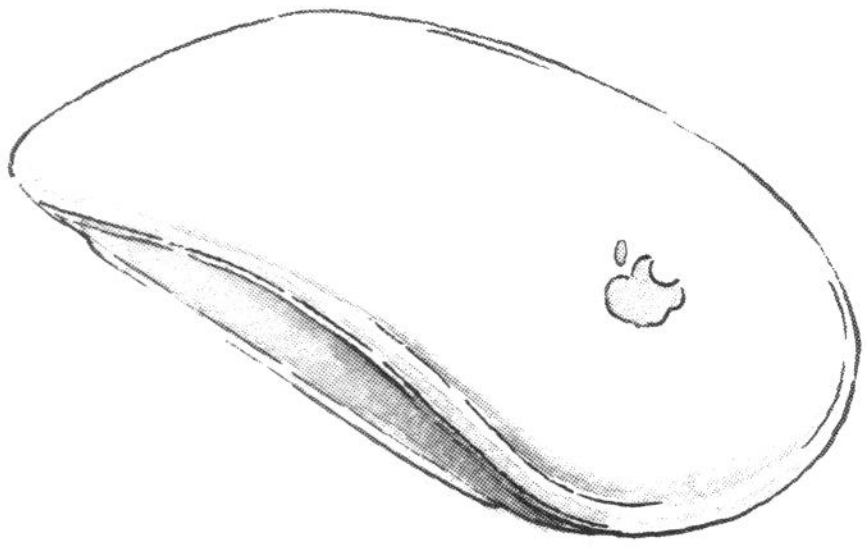

直感的なジェスチャ機能が
作業時間を短縮

POINT

- 凹凸のないシンプルなデザイン
- 手になじむ流線形のフォルム
- 作業時間の短縮につながるジェスチャ機能

Appleの「Magic Mouse」は、ミニマルなデザインが見た目に美しいワイヤレスマウスです。MacBookをはじめとしたApple製品と合わせて使う人が多く、なめらかな流線形が手によくなじみます。凹凸のない表面は、「指紋や汗をすぐに拭きとることができ、ストレスが少ない」と衛生面でもメリットが。

特に評価が高いのが「ジェスチャ機能」。マウスの表面を指でなぞる動きだけで、クリック、タップ、スライド、スワイプなどの操作が可能。「作業時間を短縮できる」と、各分野のプロフェッショナルのミニマリストたちから絶賛されています。1回の充電で約1カ月使用できるという電池の持ちのよさも、地味にありがたいですよね。

キーボード

Keyboard

Apple
Magic Keyboard

機能性とデザイン性を両立した
便利アイテム

POINT

- タイピングの正確性&快適性
- iPadと連携すればPCのように使える
- デスクでさまになる、スタイリッシュな見た目

Appleの「Magic Keyboard」は、タイピングの正確性と快適性が特徴のワイヤレスキーボード。入力のしやすさ、接続のよさなど、機能性にも定評があります。iPadと連携するとＰＣのように使える点が、多くのミニマリストから評価されました。トラックパッドもついていて、スクロールなどの操作もストレスなく行うことができます。

持ち運びやすいのもミニマリスト向き。もちろん、とり外しも簡単です。「文字盤がシンプルで気に入っている」「デスクに置いたときの見た目が最高にいい。それだけで満足できる」と、仕事のモチベーションアップにすらなるスタイリッシュな見た目もいいですよね。

イヤホン

Earphones

AirPods Pro

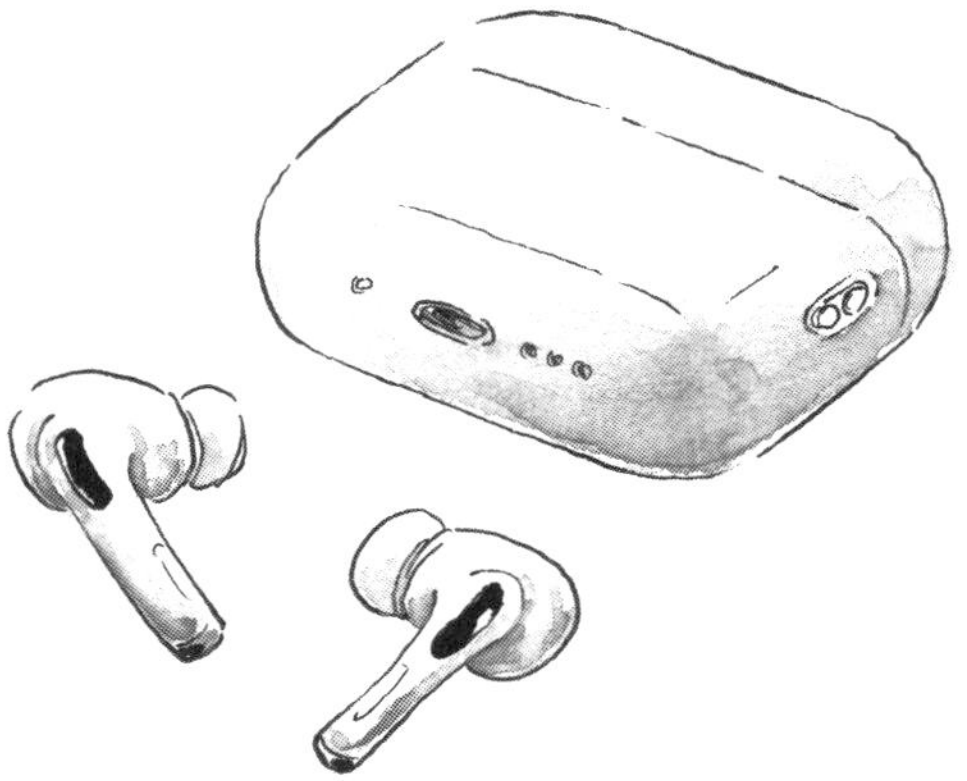

集中力アップに欠かせない
ノイズキャンセリング機能

POINT

- ノイズキャンセリングで外部からの音を遮断
- Apple製品との連携がスムーズ
- Appleらしいシンプルなデザイン

約３分の１のミニマリストたちから選ばれたのが、Apple社のワイヤレスイヤホン「AirPods Pro」でした。これまでも見てきたとおり、ミニマリストにはAppleユーザーが多いからか、「他のデバイスとの連携もスムーズ」というのが「AirPods」が選ばれる大きな理由のひとつになっているようです。

そして、最も高く評価されていたのが「ノイズキャンセリング機能」。外部の音をほぼシャットアウトしてくれるため、外にいても自宅にひとりでいるのと同じような環境をつくり出すことができます。通勤・通学時の電車内の音もカット。カフェのＢＧＭや他のお客さんの会話も気になりません。「集中するときには欠かせないアイテム」と、仕事や勉強へのモードシフトに使っているミニマリストもいるようです。Apple製品らしい見た目のシンプルさも◎。

スピーカー

Speaker

BOSE
SoundLink Mini II
Special Edition

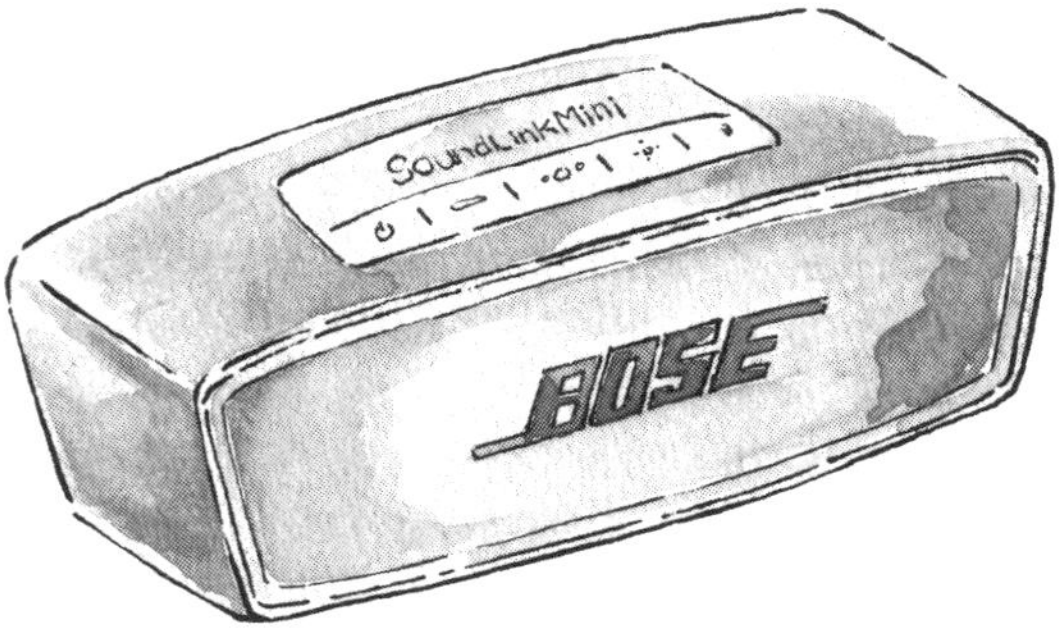

小型スピーカーとは思えない、
迫力のある重低音の響き

POINT

- 手のひらサイズの小型・軽量スピーカー
- 迫力満点の重低音
- 洗練された美しいデザイン

ＢＯＳＥの「SoundLink Mini II Special Edition」は、手のひらサイズのワイヤレススピーカー。重さわずか６８０ｇという小型・軽量サイズでありながら、パワフルな重低音サウンドを実現しています。その美しい低音の響きに、ミニマリストからは「さすが天下のＢＯＳＥ」という声も。ぼくも、これの前身モデルを『手ぶらで生きる。』で紹介しています。

シンプルさを追求した、洗練されたミニマルデザインも高評価。薄型ボディは置き場所を選ばず、どんな場所でも理想の音を楽しむことができます。Bluetooth対応のデバイスならなんでも接続できるので、友達のスマホやタブレットから好きな音楽をかけることも可能。ＰＣにつないで映画を観れば、大迫力のサウンドで世界観に没入することができるでしょう。安い価格帯ではない商品ですが、「それだけの価値はある」と高く評価されています。

カメラ

Camera

SONY
「α7C」シリーズ

コンパクトと高画質を両立した
デジタル一眼

POINT

- 驚きの軽量・小型ボディ
- フルサイズならではの高画質
- 動画撮影時のオートフォーカスが速い

「ベストカメラ」としてミニマリストたちに選ばれたのは、SONYのデジタル一眼カメラ「α7C」シリーズです。コンパクトをコンセプトにしたシリーズで、約509gという軽量ボディでありながら、高画質のフルサイズセンサーを搭載。動画撮影の際のオートフォーカスが速いのも高く評価されています。

レンズの組み合わせも多様です。「最先端デジタルボディに、熟練の職人によるライカレンズという組み合わせが最高。性能や独特の描写力、デザインやサイズ感など、あらゆる点で気に入っている」という人も。この気持ち、ぼくもSONYユーザーだったことがあるのでよくわかります。

ちなみに、番外編として紹介させていただくと、「ベストカメラ」として「iPhone」にも多くの票が寄せられました。カメラを持たず、iPhoneで気軽にサクッと撮影する。最近のスマホはカメラ性能が一眼レフに迫っているので、ミニマリストにとってかなり有効な選択肢だということはいうまでもないでしょう。

ゲーム機

Game console

Nintendo Switch

ひとりでも、家族みんなでも。
多様な楽しみ方ができる

POINT

- テレビがなくても楽しめる家庭用ゲーム機
- 家族みんなでできるゲームソフトが多い
- 持ち運びできるから、いつでもどこでも遊べる

２０１７年発売の「Nintendo Switch」。家庭用ゲーム機ながらテレビなしでも遊べるという、テレビなし生活がデフォルトのぼくのようなミニマリストにとってはありがたいアイテムです。

発売から7年が経とうとしている今もなお、根強く支持されているようで、ぼくのように本体の画面で楽しむ人もいれば、テレビにつないでわいわい楽しむという人も。

比較的やさしいソフトも多いので、「子どもから大人までみんなで楽しめる」「家族でしょっちゅう出かけなくても、家で盛り上がれる」「休みのたびにレジャーに行かなくなり、お金と時間の節約になった」など、家族のいるミニマリストからの支持も集めました。

また、遊び終えたゲームソフトも売れるので趣味としても安く、保管場所をとらない「ダウンロード版」も人気でした。

あの人はなぜこれを選ぶのか

南和繁 編

(アパレルブランド「アブラサス」代表取締役、デザイナー)

時計　ノーチラス／パテックフィリップ

スマートウォッチは無駄な機能が多い。時間を知るときは、無駄な情報が入らない仕組み。リセールプライスも高いので、資産としても。

スマートフォン　iPhone と Galaxy Z Fold

iPhone は、普段使い。Z Fold は、オンラインミーティングなどで、細かい資料を見る用。

いす　アーロンチェア／ハーマンミラー

座り心地や耐久性はもちろん、リセールプライスが高いため、使わなくなったときは、ネットオークションで売りやすい。

投資　インデックスファンド

毎月同じ金額をドルコスト平均法で積み立て、ほったらかしにする。自分でコントロールできない物事に、時間や気力を使わない。

お金を惜しまないこと　時間の節約につながるもの

アシスタントに雑務をお願いしたり移動は運転手さんに任せることにより、本当に重要なことに集中し、レバレッジをきかせる。

ふるさと納税の返礼品　山梨県鳴沢村

abrAsus hotel の宿泊代として利用可能な宿泊ギフト券。自社商品です。

CHAPTER3

LIFE

暮らし

洗濯機

Washing machine

Panasonic
ドラム式洗濯乾燥機

ボタンひとつですべて完了
ミニマルフォルムが美しい

POINT

- 洗濯から乾燥までボタンひとつで完了
- 便利な洗剤自動投入機能
- 洗練されたミニマルデザイン

Panasonicの洗濯乾燥機は、なんといってもデザインが美しいですよね。ミニマルなフォルムは、インテリアといってもいいぐらいのスタイリッシュさ。ミニマリストの部屋にあっても、まったく違和感がありません。

ぼくが『手ぶらで生きる。』で紹介したのも、Panasonicの洗濯乾燥機（型落ちの「Cuble」）でした。当時の家賃7カ月分（！）と、だいぶ思い切った買い物でしたが、洗濯物を干す手間やコインランドリーへ行く費用が浮き、すぐに「元がとれた」と満足した記憶があります。

ボタンひとつで洗濯から乾燥まで完了してしまうので、天気を気にする必要もなし。そして、特にミニマリストからの評価が高いのが「洗剤自動投入機能」。あらかじめタンクに洗剤を入れておけば、適量を自動で投入してくれます。計量する手間だけでなく、洗剤を置くスペースも省くことができます。

掃除機

Vacuum cleaner

マキタ
充電式クリーナ

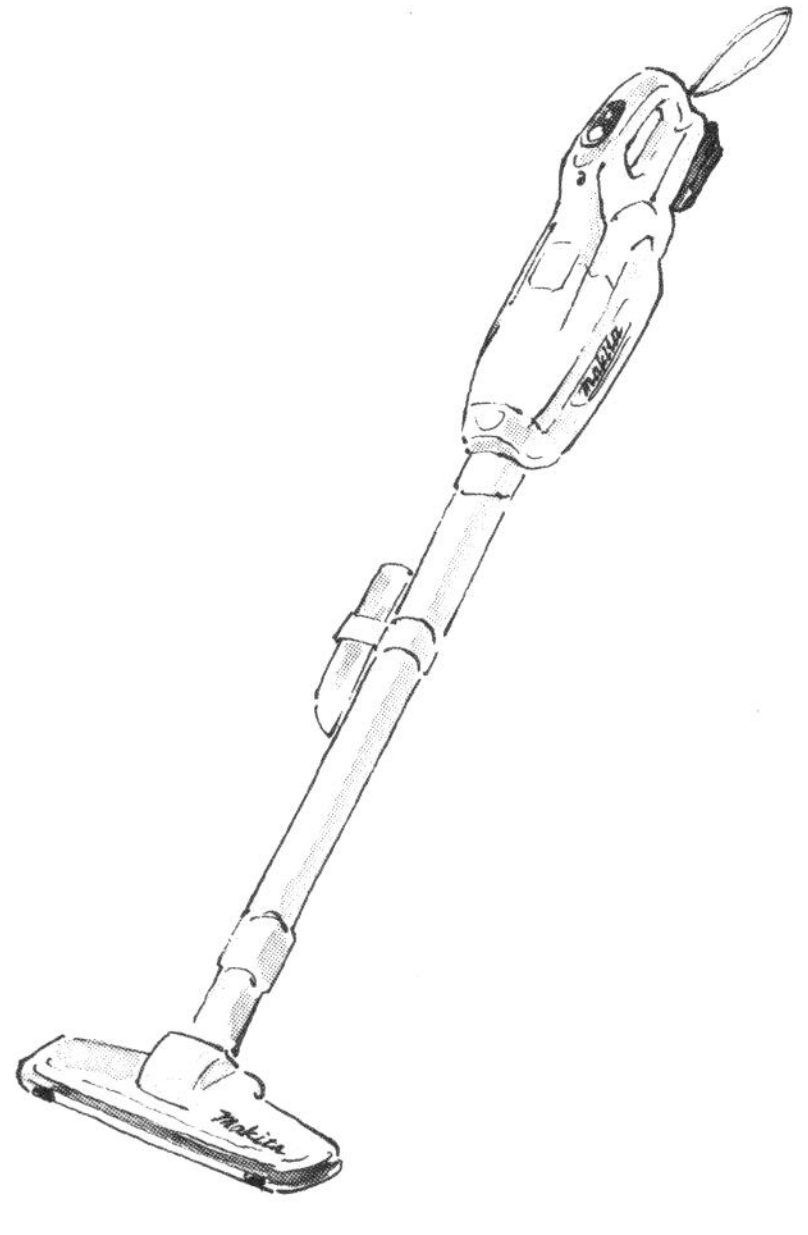

軽量で小まわりがきく
コードレス掃除機の最高峰

POINT

- 軽量で扱いやすく、掃除の物理的・心理的負担を軽減
- 抜群の吸引力
- シンプルな構造でお手入れもラクラク

マキタの「充電式クリーナ」は、無駄のないスタイリッシュなデザインが持ち味。スリムなデザインで、収納時に場所をとらないのもミニマリストにとってはうれしいポイントですね。

もちろん、見た目の美しさだけでなく機能性もバッチリ。高出力のバッテリーを搭載することで、抜群の吸引力を誇ります。バッテリーの持ちもいいので、「家じゅうの掃除が1回の充電で済みます」という人もいました。

軽量のモデルが多く、小まわりがきくのもポイント。扱いやすいから、気が向いたときにサッと手にとるという人も。家事のなかでも重労働といえる掃除に対して、その物理的・心理的負担を和らげてくれる存在といえるでしょう。「子どもも掃除機をかけてくれるようになった」という声もありました。シンプルな構造で、お掃除後のお手入れがラクなのも高評価。機能を絞ることで、価格も抑えられています。

電子レンジ

Microwave

BALMUDA The Range

ミニマルなデザインと
必要最小限の機能

POINT

- 部屋の雰囲気を損なわない圧倒的なデザイン性
- 操作がシンプルで使いやすい
- 調理時間を彩る、生活感のない音

デザインにこだわるミニマリストたちから圧倒的な支持を集めた「BALMUDA（バルミューダ）The Range」。無駄が削ぎ落とされたシンプルなデザインは、そこにあるだけでワクワクするほどスタイリッシュ。キッチンで過ごす時間を上質なものへと変えてくれます。

機能も必要最小限に抑え、操作もシンプル。複雑な設定をする必要はなく、直感的なダイヤル操作で「おいしい」にたどり着くことができます。オーブン機能もあるので、活用次第で料理の幅がグンと広がるでしょう。

さらに、特徴的なのが音。ダイヤルの操作音や、できあがり時の音はすべて楽器音で構成されています。一般的なレンジのような「チン」や「ピーピー」といった生活感あふれる音は皆無。心地よいサウンドが調理時間を彩ってくれます。

炊飯器

Rice cooker

象印
STAN. IH炊飯ジャー

インテリアにもなる
おしゃれなデザイン

POINT

- 黒いボディがスタイリッシュ
- お米がおいしく炊ける
- フラットな構造でお手入れがラク

ひとり暮らしのぼくは、１・５合炊きのミニ炊飯器を愛用していました。炊飯器を探している頃にも思ったのですが、炊飯器って、なぜか白色やシルバーのデザインが多いですよね。「いかにも家電です！」みたいな。

そんななか、今回、ミニマリストたちに選ばれた「象印STAN.」は、スタイリッシュな黒色のカラーリングが特徴的な、２０１９年デビューの家電シリーズです。シンプルなデザインのなかに、同社の象のシンボルマークがちょこんと配置されていて、黒いボディによく映えています。

デザインだけでなく、機能面も充実。「お米がおいしく炊ける！」という声が挙がりましたが、これは、高火力で炊き続けるという技術によるもの。また、庫内もフレームもフラットなつくりになっており、内蓋も洗える仕様。お手入れがしやすいところも高く評価されています。

ドライヤー

Hair dryer

Panasonic ヘアードライヤー ナノケア

大風量で速乾。
指どおりのいいツヤ髪に

POINT

- 風量があってすぐに乾く
- 乾かしたあとの髪はツヤツヤ、サラサラ
- すっきりしたデザインも◎

洗濯機に続いて、ドライヤーでもPanasonic製品に支持が集まりました。「ナノケア」シリーズは、大風量ですぐに乾くのが特徴。さらに、水分たっぷりのイオン、高浸透ナノイーが髪の内側まで水分を届けてくれます。乾かしたあとの髪はツヤツヤ、サラサラで、思わずうっとりするほどの指どおりのよさを実感できるはず。

いわゆる高級ドライヤーに分類される価格帯ですが、「結果としてスタイリング剤を減らせました」という声もあり、「投資」と考えれば高くない買い物といえるでしょう。すっきりしたデザイン、大きさもコンパクトで、ミニマリストから評価されるのもうなずけます。髪や頭皮にやさしい約60℃の風で乾かす「スカルプモード」を推す声も。高機能を存分に活用することで、思い通りの髪質をキープしたいものですね。

寝具

Bedding

アイリスオーヤマ
エアリーマットレス

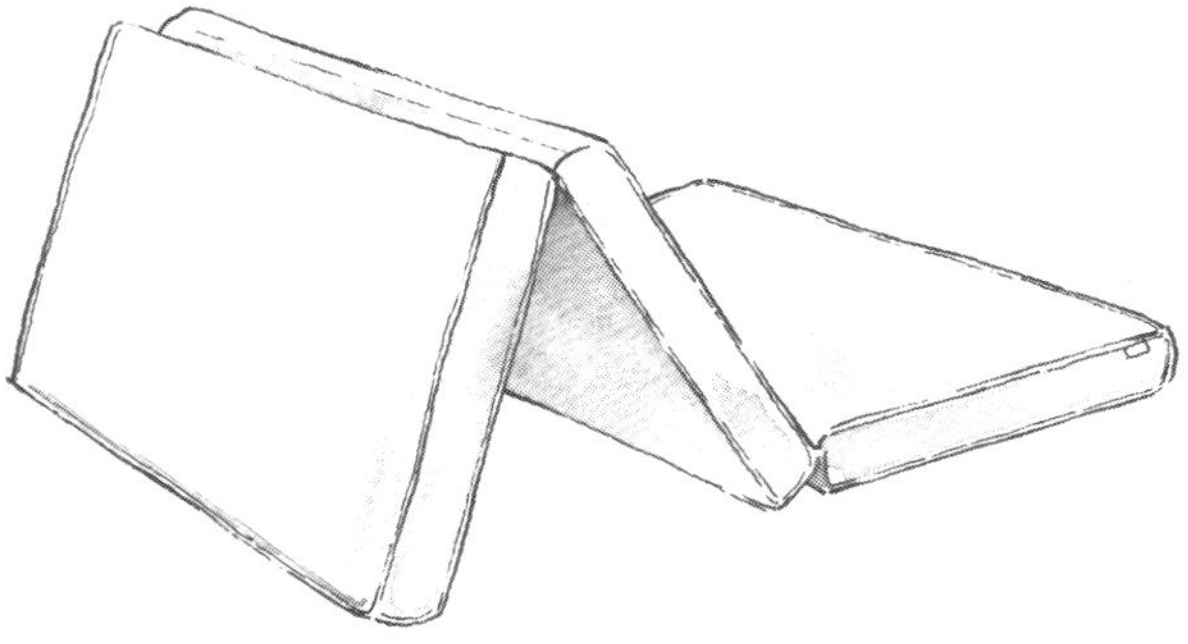

折りたためて邪魔にならない
コンパクトさ

POINT

- 折りたためばコンパクトに。軽いので持ち運びもラク
- 丸洗いできて衛生的
- 通気性抜群でカビ知らず

佐々木典士さんが紹介したことから人気に火がつき、今では「ミニマリスト御用達」ともいわれているマットレスですね。6つ折りできるタイプもあり、折りたためば部屋で邪魔になりません。軽いので持ち運びもラクラク、それでいて寝心地も問題なし。丈夫でへたりにくい点も評価されています。

また、ミニマリストは「ベッドではなく、マットレス直置きで寝る」という方も多く、カビを発生させないようにマットレスを立てかける……そんなときに軽くて、通気性が高いエアリーマットレスは直置きにも向いています。

丸洗いできて、衛生的に保てるのもポイント。マットレスの中身をとり出して、そのままシャワーで洗うことができます。厚さのバリエーションもあり、リバーシブルで夏・冬とで気温に応じた使い方や、寝心地の好みや収納状況に合わせて選ぶことができます。

ソファ

Sofa

ニトリ

まさに“お値段以上”の満足感

POINT

- さまざまなタイプのなかから、ライフスタイルに合うものが選べる
- 驚きの低価格。それでいて、値段以上の使い心地
- 本革の質感も高級感あり

お部屋に合わせて、さまざまなタイプのソファが選べる「ニトリ」。お店へ行って、試し座りをするのは楽しいですよね。カウチソファにコーナーソファ、ソファベッドにコンパクトソファ。ファブリックにレザー、合皮と、材質やカラー展開も豊富です。それでいて「この値段でソファが買えるの?」という、まさに〝お値段以上〟の驚きと満足感があるのはニトリならではといえるでしょう。

「座面を下ろすとベッドのようにも使える」(2人用ローソファ)、「電動リクライニング機能がお気に入り。本革の質感もいい」(電動本革リクライニングソファ)と、みなさん、ライフスタイルに合うソファをそれぞれ愛用している様子。

ちなみに、次点は僅差で「無印良品」。「リビングでもダイニングでもつかえるソファチェア」「板と脚でできた家具」など、無印らしいアイデアのある商品が人気でした。

テーブル

Table

無印良品

シンプルさのなかにある、
暮らしに合わせる工夫

POINT

- 無印らしい、シンプルなデザイン
- ちょっとした不便を解消するアイデア
- 価格と品質の絶妙なバランス

ここまで、多くのカテゴリーでシンプルなデザインがミニマリストから高く評価されてきた無印良品。テーブルに関しては、デザインのよさはもちろんですが、暮らしをよくするための〝ちょっとしたアイデア〟を支持する声が多かったです。

「場所を広く使いたいときに折りたためるのは便利」（折りたたみテーブル）、「作業や食事など、あらゆることに適したサイズ感と高さ」（リビングでもダイニングでもつかえるテーブル）、「テーブル、作業台、棚など何とおりにも使える」（コの字の家具）、「角が丸く、子どもがいる家でも危なくない」（木製のローテーブル）。さまざまなライフスタイルに寄り添うような工夫こそが、無印らしさといえるでしょう。

価格に関しては、「品質とのバランスがいい」という声が挙がりました。安さだけが購入の決め手とはならない、ミニマリストらしい選択肢といえますね。

いす

Chair

カール・ハンセン&サン
Yチェア

日本の暮らしにもなじむ、
北欧デザインの名品

POINT

- 絶妙なカーブの背もたれが背中にフィット
- シンプルな見た目ながら、抜群の座り心地
- いつか手に入れたい、憧れの逸品

1950年にデンマークで誕生し、時代を超えて世界中で愛される「Yチェア」。北欧家具の巨匠、ハンス・J・ウェグナーによるデザインで、正式名称の「CH24」よりも「Yチェア」の愛称で広く知られています。

アームから背もたれにかけてのパーツは、職人の手により、高温の蒸気をあてながら1本の木材を曲げていく「曲げ木」という特殊な工法でつくられています。こうしてできあがった継ぎ目のない絶妙なカーブが、背中に無理なくフィット。この背もたれを、愛称の由来ともなっているY字型の背板が支えています。

日本の暮らしにもなじむシンプルなデザインながら、抜群の座り心地を提供。インテリア好きならいつか手に入れたいと憧れる名品です。「家の設計段階から、Yチェアを置くことを建築家に伝えていた」というミニマリストも。

プロジェクター

Projector

アラジンエックス
ポップイン
アラジンシリーズ

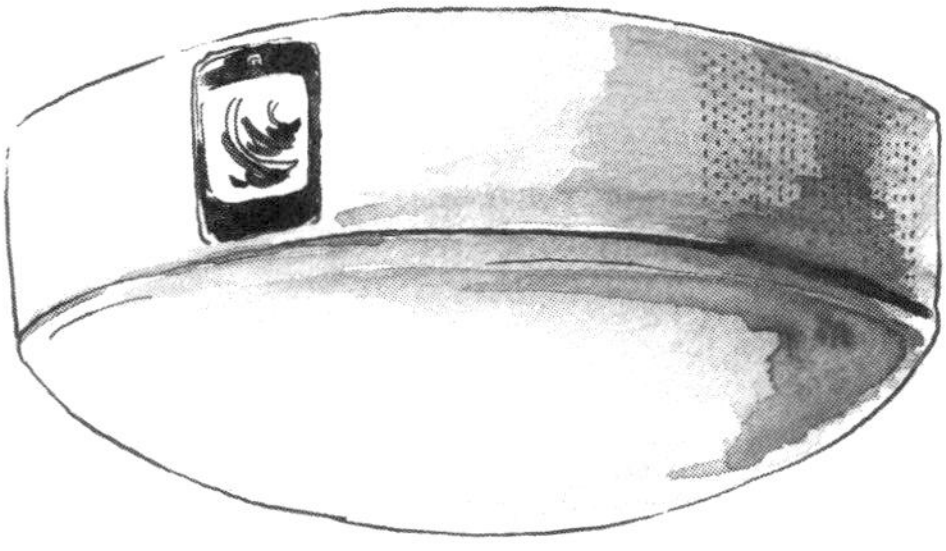

置き場所や配線は不要
便利な3in1プロジェクター

POINT

- 1台3役の有能プロジェクター
- 照明一体型で置き場所いらず
- 多様なコンテンツを壁に映して手軽に映画館気分

ぼくもYouTubeなどで激推ししている「アラジンエックス(元：PopIn Aladdin)」。天井照明にプロジェクター機能とスピーカー機能を搭載した、〝3 in 1〟の画期的なプロジェクターです。何を隠そう、ぼくもクラウドファンディングで出資して発売日前に購入したほど、初期からの大ファンです。

天井のシーリングライトにすべての機能が埋め込まれているので、置き場所や配線は不要。どんな部屋でも即座に映画館気分を味わうことができます。Amazonプライムや YouTubeといった各種配信サービス、さらには「PopIn Aladdin」オリジナルの動画コンテンツの視聴も可能。ちなみにぼくは内蔵のアプリで壁に時計を映しています。スピーカー単体で使うこともできるので、音楽鑑賞にも◎。これさえあればBluetoothスピーカーも手放せますし、レコーダーと接続することでテレビ番組も投影できるので、部屋を広く使えます。

スキンケア用品

Skincare

無印良品

品質への確かな信頼。
高コスパでバシャバシャ使える

POINT

- 安価なので、心おきなくたっぷり使える
- 必要最小限の成分で、納得のいく使い心地
- どこでも手に入りやすい

ぼくも含め、ミニマリストたちからあらゆる商品で高い信頼を獲得している無印良品。スキンケア用品にも全方向からの支持が集まりました。

「安いから、遠慮なくバシャバシャ使える」というのは、毎朝、毎晩使うスキンケア用品にとって大切なことですよね。どこでも（ローソンでも！）手に入る安心感も、無印良品の強みといえるでしょう。シンプルな見た目のパッケージが象徴しているように、成分も必要最小限。低刺激ながら、確かな使い心地で理想の肌へと近づけてくれます。

敏感肌用、美白、エイジングケア、クリアケアなど、肌質や目的に合わせていくつかシリーズがありますが、いずれのラインにも「オールインワンジェル」を用意。「これ1本ですべて完了する」「コスパ最高！」と、特に熱く推すミニマリストが多かったです。

コスメ

Cosmetics

&be

石けんオフがうれしい
メイクが楽しくなるコスメ

POINT

- メイクが楽しくなるアイテムが目白押し
- 石けんで落ちて、肌にやさしい
- 特に評価の高い「UVミルク」

ヘア＆メイクアップアーティストの河北裕介さんプロデュースの「&be」は、スキンケアからポイントメイクまで、幅広いアイテムをカバー。バラエティショップやオンラインストアで手に入れることができます。

最大の特徴は、多くのアイテムが石けんで落とせる設計になっていること。界面活性剤や紫外線吸収剤などは不使用の商品が多く、デリケート肌の方も安心して使うことができます。

「トーンアップができる」「顔から全身まで使えてお気に入り」と、特に人気なのが「ＵＶミルク」。化粧下地・日焼け止め・保湿美容液の〝3 in 1〟を実現した「ＵＶプライマー」にも票が入りました。そして、メイクの〝プロ中のプロ〟が監修しただけあって、「どのアイテムも使っていてしっくりくる。メイクをするのが楽しい！」という声も。

cocone
クレイクリーム
シャンプー

洗い上がりサラサラ
革命的なオールインワンシャンプー

POINT

- シャンプーからトリートメントまでこれ1本で完了
- 頭皮はさっぱり、髪はしっとり。抜群の洗い心地
- ベルガモットアールグレイの香りも◎

ＳＮＳでも大バズり中の「coconeクレイクリームシャンプー」が、ミニマリストたちからも支持を集めました。シャンプーからトリートメントまで、これ１本ですべて完了する〝オールインワン〟が最大の特徴。シャンプー、コンディショナー、トリートメントと何本もボトルを揃える必要がなくなるのはもちろん、時短にもつながります。

クレイ（泥）で汚れを落とす〝泡立たないクリームシャンプー〟ですが、やさしく洗い上げることで頭皮はさっぱり。「髪がサラサラになる」「とかしたときの引っかかりがなくなった」と、髪質の変化を実感しているという声も多かったです。くせ毛や、カラーによるダメージへの働きかけも。バスルームに置いてもさまになるシンプルなパッケージ、特徴的な「ベルガモットアールグレイ」の香りもＧＯＯＤ。

タオル

Towel

無印良品

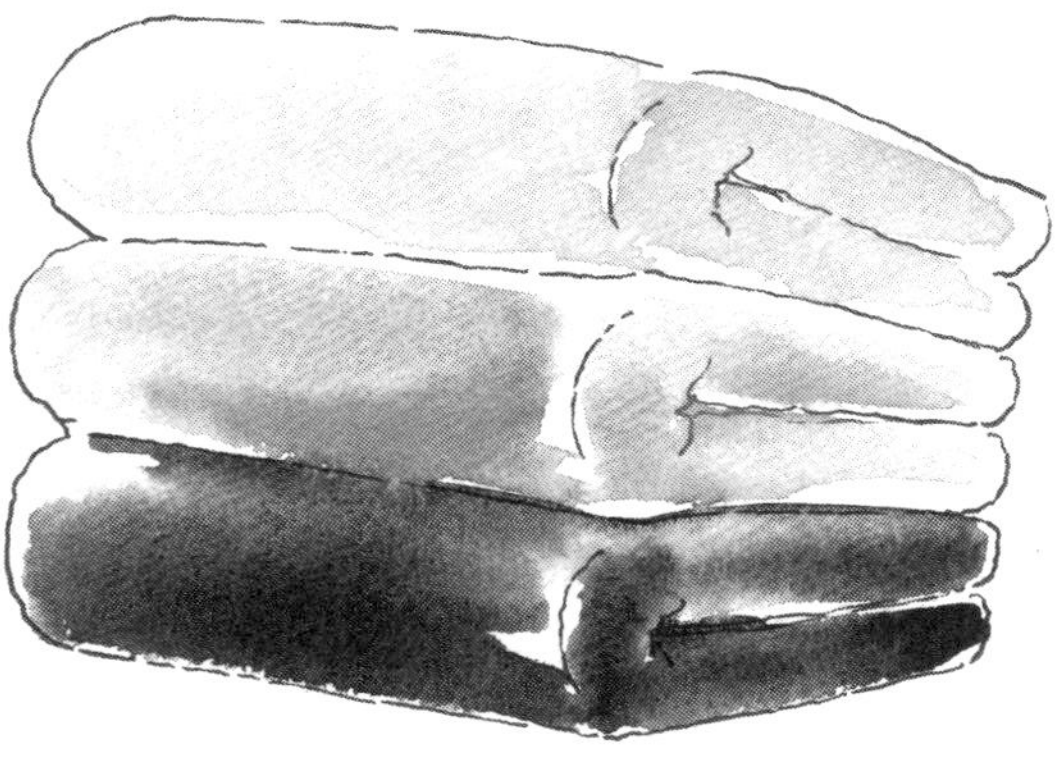

買い替えしやすい、低価格の定番品

POINT

- 高品質の素材で、水分をしっかり吸収
- 乾きやすく、洗濯がラク
- シンプルなデザインと、豊富なカラーバリエーション

消耗品であるタオルは、買い替えのしやすさが重要なポイント。手に入りやすく、低価格の無印良品が人気なのは納得の結果といえるでしょう。

フェイスタオルとバスタオルがあり、カラーバリエーションも豊富です。かさばらないスモールサイズ（60×１２０センチ）のバスタオルも、洗濯&収納をラクにしてくれるアイテムとして人気。水分をしっかり吸収するので、「お風呂上がりもフェイスタオルで十分」と、バスタオルを手放したミニマリストもいました。

サイズ別だけでなく、糸の織り方による商品展開も。普段使いには厚みのあるふっくらタイプ、旅行用には薄手のものと使いわけることもできます。もちろん、手触りの好みで選ぶのもいいでしょう。洗濯してもへたりにくく、それでいて乾きやすいという品質のよさは無印ならでは。

歯ブラシ

Toothbrush

フィリップス ソニッケアーシリーズ

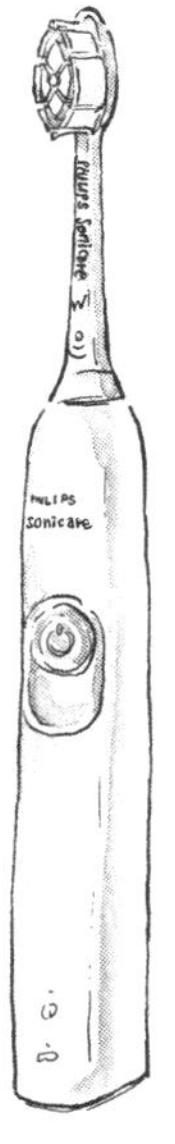

音波水流で汚れを徹底除去
もう普通の歯ブラシには戻れない

POINT

- 歯科医師にも選ばれる電動歯ブラシ
- 軽くあてて磨くだけ。音波水流が歯垢をやさしく除去
- ブラシ交換は3カ月に一度でOK

フィリップスの「ソニッケアー」は、歯科医師からも高く評価されている電動歯ブラシです。毎分３万１０００回の高速振動と大きな振れ幅で汚れが浮上。そして、フィリップス独自の技術である〝音波水流〟が、やさしく、効果的に歯垢をかき出してくれます。手を細かく動かす必要はなく、自動で歯磨きが完了する便利さに「もう普通の歯ブラシには戻れません」という声も多数。虫歯ゼロを維持しているユーザーも多く、なかには「10年以上愛用しています」というファンも。

多様なラインナップが揃っていますが、ベーシックなモデルであれば比較的安価で購入できるのもポイント。「安価なモデルでも電動歯ブラシの恩恵は十分に受けられる」と推す声も。つくりがスリムかつコンパクトなので、省スペースも実現。ブラシ交換が３カ月に一度でＯＫなのもうれしいですよね。

本棚

Bookshelf

無印良品
スタッキングシェルフ

組み合わせは自由自在。
自分好みにカスタマイズ

POINT

- どんなサイズのものも収納できる
- 暮らしに合うようカスタマイズが可能
- インテリアとして部屋になじみやすい

無印良品の「スタッキングシェルフ」は、組み合わせ自由、たてにも横にも使える優れもの。基本セットに、追加のラックや引き出し、フラップなどのパーツを組み合わせてカスタマイズすれば、自分好みの本棚の完成です。ホームページ上には、「組み合わせシミュレーター」があり、暮らしに合うシェルフの形を簡単にシミュレーションすることができます。「大きな買い物だからこそ、失敗したくない」という切実な気持ちに応えてくれる、うれしいサービスですよね。

シンプルなつくりだから、収納力も抜群。「大型版の書籍から普通サイズの本まで、ひとつの場所に収納したかった」といったニーズにも応えてくれます。洗練されたシンプルな見た目もミニマリスト好み。温かみのある木目調も、暮らしによくなじみます。

掃除用品

Detergent

東邦
ウタマロクリーナー

これ1本で家じゅうの
お掃除がすべて完結

POINT

- 汎用性抜群。家じゅうのあらゆる場所が掃除できる
- 場所ごとの洗剤を揃えなくてよくなり、収納がすっきり
- 汚れはしっかり落ちるのに、中性だから手あれもなし

「ウタマロクリーナー」は、1本で家じゅうのあらゆる場所をお掃除できる万能洗剤。窓用、キッチン用、お風呂用、トイレ用など、場所ごとに専用の洗剤を揃えなくてはならないという常識は、汎用性がきわめて高いこの洗剤のおかげですっかり過去のものとなりました。まさに、ミニマリスト向けの商品といえますね。

ミニマリストのみなさんが「万能」と声を揃えるとおり、キッチンまわり、お風呂、トイレの壁、床拭きと、ありとあらゆる場所に使えます。薄めたり、クエン酸を足したり、自分好みの使い方をする人もいるようですね。1本で完結するから、収納はすっきり、節約にもつながります。お金だけでなく、「もうすぐ○○用の洗剤がなくなりそうだなぁ……」などと掃除用具の管理に頭を使う時間も短縮できます。どこにでも売っているから、気軽に使えるのもいいですよね。しつこい汚れもピカピカになるのに、手あれしないのも高ポイントです。

手帳

Planner

Googleカレンダー

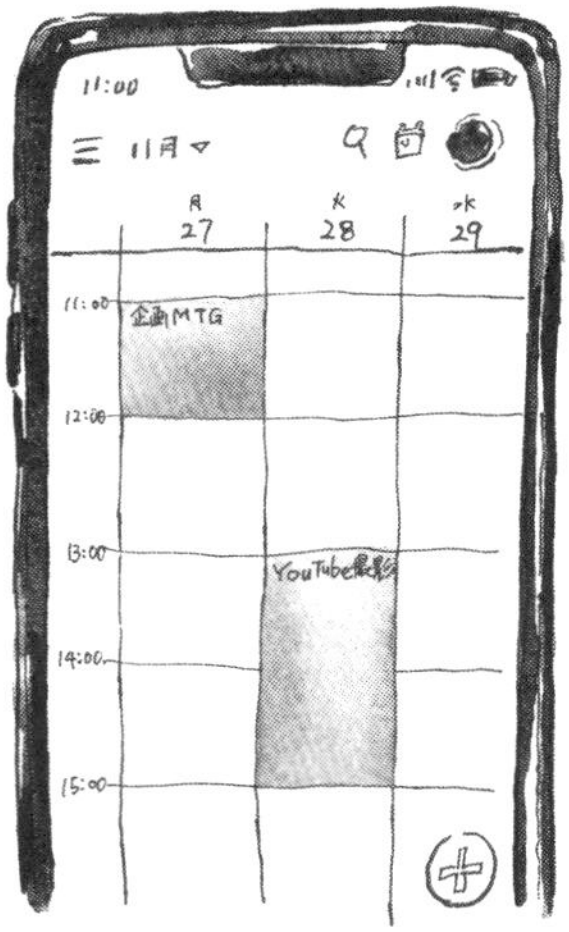

“手帳”の概念を一新した
デジタル管理ツール

POINT

- 紙の手帳を手放せる
- 無料で利用できる
- アカウントごとに使いわけできるのが便利

携帯電話を肩と耳に挟み、大きな手帳にスケジュールを書き込む……これが、かつての〝デキる人〟像でした。「ビジネスマンのための手帳術」のような本もたくさん売られていましたよね。

しかし、このイメージをぶち壊し、ここ十数年のうちに〝手帳〟の概念自体を丸ごと一新したのが「Googleカレンダー」です。スケジュールはすべてアプリ上で管理が可能。「アカウントごとに使いわけられる」「リマインダーやウィジェット機能で、予定を忘れることがない」など、みなさん便利に使いこなしています。

また「TODO」の機能も追加されたことで、他のアプリと使いわけることなく進捗管理もできるオールインワンアプリに。Gmail内にある「飛行機・映画館・飲食店等の予約日」も自動で記入してくれるので書き忘れ防止に。ズボラな人でもラクに管理できるのはデジタル手帳の強みです。

ノート

Notebook

無印良品

低価格&圧倒的な書き心地のよさ

POINT

- 高品質かつ安心価格
- ペンがサラサラと走る抜群の書き心地
- 無駄な装飾がなくシンプル

装飾がなくシンプルなつくり、なおかつコンビニでも買える手軽さもうれしい無印良品のノート。あの特徴的なブラウンカラーに、学生時代からお世話になっているという人も多いでしょう。

低価格ながら、品質の確かさはさすが無印。お気に入りポイントとして「書き心地のよさ」を挙げるミニマリストが多いのが印象的でした。Ｂ５、Ｂ６、Ａ４からＡ６、文庫本に単行本サイズと、サイズ展開も豊富。さらに、糸綴じ、リングノート、リフィルノートと、好みや用途に合わせて形式も選べます。「方眼がちょうどいい濃さ」（５㎜方眼ノート）、「フラットに開くのが、地味にストレス軽減につながっている」（フラットに開くノート）、「なかの紙をいろいろ選べて、差し替えられるのが好き」（リングノート）など、特定のノートを推す声もありました。

文具

Stationery

三菱鉛筆
ジェットストリーム

長時間使っても疲れない、
ストレスフリーな書き心地

POINT

- 書きやすさNo.1。惚れ惚れするなめらかさ
- 多機能ペンで必要な要素を1本に集約
- 高品質ながら驚きの低価格

三菱鉛筆（uni）の「ジェットストリーム」に多くの票が集まりました。評価ポイントとして挙げる人が圧倒的に多かったのが、「書き心地のよさ」。ボールヘッドは、長時間使っても疲れないなめらかさ。「かすれない」という声も多く、ボールペンを使ううえでのイライラポイントが極限までとり払われた商品といえるでしょう。

単色ボールペン以外にもラインナップが充実しています。3色&4色ボールペン、さらにシャープペンがプラスされたタイプも。「これさえあれば他のペンは不要」と、日常で使うすべてのペンを1本のジェットストリームに集約しているミニマリストも多かったです。

そして、これだけの機能を誇りながら、遠慮なく日常使いができる低価格。メーカーさんの努力に脱帽です。どこでも売っている汎用品のため、インク交換がしやすいのもありがたいですよね。

Wpc.
折りたたみ傘

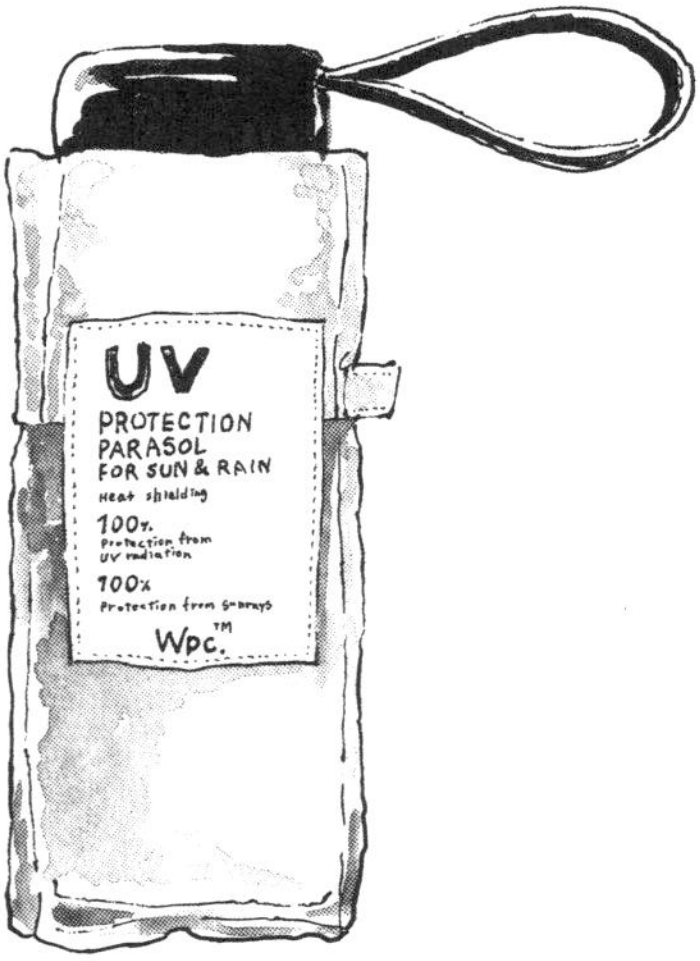

とにかく小さくて軽いから、
雨でも晴れでも気軽に持ち歩ける

POINT

- 片手に収まるコンパクトさ
- 持ち歩くのが苦にならない軽さ
- 1本で2役の晴雨兼用モデル

Ｗｐｃ．の折りたたみ傘は、とにかくコンパクトで軽いのが特徴。特に晴雨兼用の折りたたみ傘がミニマリストの支持を獲得しました。「晴雨兼用ながらスマホサイズのコンパクトさ」「めちゃくちゃ軽い！」と、その実力を高く評価する声が多数。「日傘と雨傘をわける必要がなくなった」「この傘のおかげで、傘を持ち歩くのが苦ではなくなった」と、ライフスタイルそのものを変えるインパクトがあります。ワンタッチ開閉なのもうれしいですね。

商品ラインナップも充実。完全遮光１００％生地を使った日傘や、背面を大きくとることで背中のバックパックを濡らさない「バックプロテクト」など、アイデアと技術力でさまざまなニーズに応えてくれます。デザインやカラー展開も豊富なので、きっと〝運命の１本〟が見つかることでしょう。

あの人はなぜこれを選ぶのか

藤原華編

（編集者、写真家。ブログ「ミニマリスト華のブログ」運営）

半袖トップス　ボーダーノースリーブ／アーバンリサーチ

肩の部分が絶妙なデザインで腕が細見えするから。

ポーチ
フランフランのポーチ

なかが透けて見えて確認するのに便利だし、見た目がとてもかわいい。

外食
モスバーガー

体づくりのため外食は控えているが、モスだけは絶対に食べたいのでOKにしています。

寝具
クラウンジュエル／シーリー

ホテルに泊まったときにこのマットレスだったのですが、翌日の疲れのとれ具合が桁違いによかったので買いました。

歯ブラシ
ルシェロ歯ブラシ B-20／GC

歯医者さん推奨で、これを使ってから歯石クリーニングのときにめっちゃ「歯がきれい」とほめられます。

漫画
『ワカコ酒』

休肝日に読むと、なんだか飲んだ気になって満足します。

CHAPTER4

FOOD

食生活

ブロッコリー

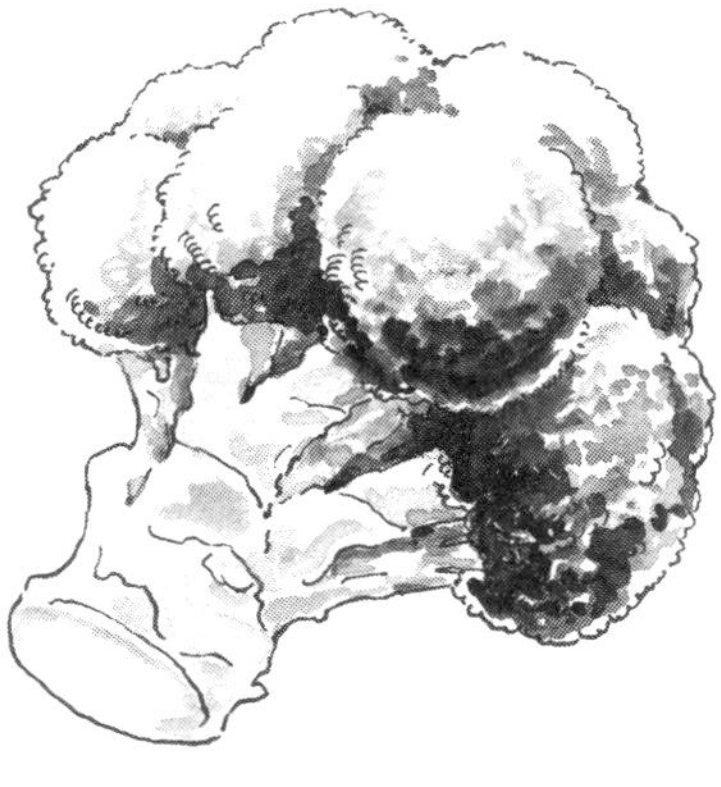

栄養たっぷり、
ミニマリスト必食の常備野菜

POINT

- タンパク質&ビタミン豊富で健康的な食生活をサポート
- メインにも付け合わせにもなる万能感
- 茹でてよし、蒸してよし。便利な冷凍食品の活用も

栄養たっぷり、健康野菜として名高いブロッコリーが多くの支持を獲得しました。ぼくは『手ぶらで生きる。』で「1日1食生活」について書きましたが、そこで紹介したある日の食事メニューの一品が、ブロッコリー入りのお手製野菜スープでした。

タンパク質、ビタミン、食物繊維と、積極的に摂取したい栄養素を網羅。筋トレなど体づくりに励む方だけでなく、健康・美容食品として男女問わず支持を集めています。

そして何より、単純においしい！　メインのおかずの材料としてはもちろん、茹でて添えるだけで付け合わせにもなります。皮をむいたりする手間もなく、茹でるだけで食べられるのも地味に高ポイント。「忙しいときは、カット済みの冷凍食品を使う」という意見もあり、まさに手軽に食べられる万能野菜といえるでしょう。

魚

Fish

サーモン

さまざまなメニューで楽しめる
万能食材

『ぼくたちは、なぜこれを選ぶのか』読者アンケート

本書をお買上げいただき、まことにありがとうございます。
読者サービスならびに出版活動の改善に役立てたいと考えておりますので
ぜひアンケートにご協力をお願い申し上げます。

■本書はいかがでしたか？　該当するものに○をつけてください。

最悪	悪い	普通	良い	最高
★	★★	★★★	★★★★	★★★★★

■本書を読んだ感想をお書きください。

※お寄せいただいた評価・感想の全部、または一部を（お名前を伏せた上で）弊社HP、広告、販促ポスターなどで使用させていただく場合がございます。あらかじめご了承ください。

▼ こちらからも本書の感想を投稿できます。 ▶

https://www.sanctuarybooks.jp/review/

弊社HPにレビューを掲載させていただいた方全員にAmazonギフト券（1000円分）をさしあげます。

切手を
お貼り下さい

113-0023

東京都文京区向丘2-14-9

サンクチュアリ出版

『ぼくたちは、なぜこれを選ぶのか』
読者アンケート係

ご住所　〒□□□-□□□□

TEL※

メールアドレス※

お名前　　男・女　（　　歳）

ご職業

1 会社員　2 専業主婦　3 パート・アルバイト　4 自営業　5 会社経営　6 学生　7 その他

ご記入いただいたメールアドレスには弊社より新刊のお知らせや
イベント情報などを送らせていただきます。
希望されない方は、こちらにチェックマークを入れてください。　メルマガ不要 □

ご記入いただいた個人情報は、読者プレゼントの発送およびメルマガ配信のみに使用し、
その目的以外に使用することはありません。

※プレゼント発送の際に必要になりますので、必ず電話番号およびメールアドレス、
両方の記載をお願いします。

弊社HPにレビューを掲載させていただいた方全員にAmazonギフト券（1000円分）をさしあげます。

POINT

- 家族みんなに愛される食卓の人気者
- 焼いても蒸しても、生でもおいしい
- DHAやEPAなどの必須脂肪酸が豊富

「焼いても、蒸してもおいしい」と、そのアレンジのしやすさに支持が集まりました。和食なら塩焼きやホイル焼きに、洋食ならムニエルやシチュー、グラタンに。朝食から夕食まで、日本の食卓を幅広く彩っています。お寿司のネタとしても人気ですよね。ちなみにぼくは、生サーモンを買ってきてアボカドなんかと一緒に食べるのが好きです。

DHAやEPAなどの必須脂肪酸が豊富で、栄養価が高いのもうれしいですよね。サーモンの身を赤くしているアスタキサンチンという色素は、抗酸化作用があることでも知られています。おいしいだけでなく、健康や美容にもいい食材です。

さらに、季節を問わず手に入り、冷凍物の種類も豊富。ストックのしやすさも、食卓の1軍選手として君臨する理由のひとつといえそうです。

鶏胸肉

健康的な体づくりに欠かせない、
高コスパのヘルシーお肉

POINT

- 高タンパク低カロリーでダイエットに最適
- 家計にやさしい低価格食材
- 塩麹漬けや鶏ハムにすればパサつきも解消

高タンパクでありながら、脂質が少なく低カロリーな鶏胸肉。体づくりやダイエットに励む人たちから、ヘルシー食材として重宝されています。手軽に食べられるサラダチキンも人気で、朝食や昼食に欠かさずとるという人も。今はいろんな味付けのものが出ていて、飽きることもありません。

何より、他のお肉に比べると圧倒的に安い。コストパフォーマンスがとても高い、家計の味方です。家族みんなが大好きな唐揚げも、鶏胸肉なら、コストもカロリーも気にせず何個もバクバク食べられそうですよね。「節約していた学生時代によくお世話になっていました」という声も挙がりました。唯一、パサつきが気になるのが難点ですが、塩麹に漬けるとやわらかくなります。しっとりしておいしく食べられる鶏ハムもおすすめです。

果物

Fruit

バナナ

手軽に食べられて栄養豊富、
最強の朝ごはん

POINT

- 栄養価が高く、朝ごはんに最適
- 皮をむけばそのまま食べられて洗い物ゼロ
- 年じゅう手に入るからストックに便利

大人も子どもも大好きなバナナ。皮をむけばそのまま食べられる手軽さから、朝ごはんとの相性が抜群です。忙しい朝の時間、包丁を使わずに食べられて、洗い物も出ないというのはありがたいですよね。腹持ちもいいので、「朝ごはんはバナナだけ」という声も挙がりました。栄養価が高く、「腸活」にもいいことが知られているバナナは、まさに朝ごはんに最適な食材といえるでしょう。

そのまま食べるだけでなく、ヨーグルトやきな粉と一緒に食べたり、スムージーにしたり、みなさん思い思いの食べ方を楽しんでいるようです。なかには、「冷凍庫に入れて、アイス代わりに食べている」という方も。

さらに、年じゅうスーパーの店頭に並んでいて、なおかつ低価格。手に入りやすさ、ストックのしやすさからいっても、バナナはまさに最強のフルーツといえます。

炭水化物

Carbohydrates

白米

どんな食事にも合う“日本人の心”

POINT

- 体づくりに欠かせないエネルギー源
- お米中心の生活でグルテンを控えめに
- どんな食事にも合う。シンプルがいちばん

食生活が多様化し、パン、パスタ、うどん、そばなどさまざまな主食が食卓を彩るようになりました。しかし、エネルギー源としてミニマリストたちから圧倒的な支持を得たのはお米、なかでも「白米」でした。どんな食事にも合うシンプルな味は、まさに日本人の心。健康面から「玄米」や「五穀米」に挑戦するも、やはり味わいの面から「白米」に戻ってくる人も多いようです。「やっぱり白米が好き」「白米を食べていると幸せを感じる」など、機能性よりも〝好き〟という気持ちをアピールする意見が多いのも印象的でした。

近年はグルテンフリーを意識する人も増えましたが、その点からいってもお米は最強の食材です。「朝ごはんをパンからお米に変えたら体重が減り、体調もよくなった」という人も。おいしくて、太りにくくて、子どもの頃から食べ慣れた日本の伝統食材。食べない理由はありませんね。

塩

素材の味を引き立てる天然の恵み

POINT

- 素材の味をいかしたシンプルな味付け
- お気に入りの銘柄塩が味の決め手に
- カロリーゼロで太りにくい

コロナ禍で自炊する機会が増え、家に調味料を揃えたという人も多いのではないでしょうか。また、近年は、さまざまな変わり種調味料が次から次へと登場し、瞬間風速的にブームを巻き起こしていますね。

そんななか、ミニマリストたちから「ベスト調味料」として選ばれたのは、なんと「塩」。まさにシンプルイズベスト、ミニマリズムそのものともいえる結果となりました。ゆでたまごにおにぎり、お肉や魚も、「塩さえかければ味が決まる」。ひと振りするだけで、素材の旨味が存分に引き立ちます。さらに、ミネラルたっぷりでカロリーゼロ。その味わいだけでなく、栄養面の実力も十分です。

海塩、岩塩、藻塩、ハーブソルトなど、お気に入りの銘柄があると味わいはさらに豊かなものになります。ミニマリストのみなさんも、自分自身の「決め手の塩」を持って料理を楽しんでいるようです。

サバ缶

高コスパで高栄養。
手軽に食べられる高機能フード

POINT

- 良質なタンパク質やオメガ3が手軽に摂取できる
- 普段使いで日常的に食べつつ、保存食としても常備
- 食卓が物足りないときのプラス一品に

２０１８年頃に爆発的なブームが巻き起こった「サバ缶」。今やブームの域を超え、安価で手軽に栄養がとれる高機能フードとして定着しました。また、ミニマリストは不必要なストックを避けますが、「防災の備蓄」だけは欠かしません。その点、サバ缶は日常使いしつつ、いざというときには非常食にもなって一石二鳥です。

価格は正直ピンキリな面もありますが、手頃なものでも栄養は十分。良質なタンパク質をはじめ、オメガ3などの必須脂肪酸を手軽に摂取することができます。

そして、ミニマリストのみなさんは、機能だけでなく味わいも楽しんでいるようです。炊き込みごはんにしたり、味噌汁に入れてあら汁にしたり。「余った汁はキャベツにかけて食べる」という味噌煮派の人も。もちろん、そのまま食べるだけでも立派なおかずになります。

冷凍食品

Frozen food

ニチレイ 本格炒め炒飯

絶妙なパラパラ感
お店超えの本格的な味

POINT

- 22年連続売上No.1の実力
- 絶妙なパラパラ感で、お店超えの本格的な味
- 存在感のあるゴロゴロ焼豚

物を持たないミニマリストにとって、冷蔵庫の食材もなるべく在庫を持たないのが基本。「冷蔵庫も冷凍庫も常にパンパン」というミニマリストはいないのではないでしょうか。

しかし、ライフスタイルによっては「何かすぐに食べられる物を常備しておきたい」と考える人がいるのも当然のことです。彼らはきっと、選びに選んだ商品だけを常備しているはず……そんな期待を込めて聞いた「ベスト冷凍食品」に輝いたのは、ニチレイの「本格炒め炒飯」でした。冷凍炒飯カテゴリーで22年連続売上ナンバー1という、誰もが知る商品ですね。

多かったのが「とにかくおいしい！」の声。独自の製法による絶妙なパラパラ感、存在感のあるゴロゴロ焼豚が、多くのミニマリストの胃袋をわしづかみにしています。ミニマリストと聞くと「玄米」「菜食主義」のような、ストイックなイメージを抱かれがちですが、炒飯のようなカジュアルでおいしい中華が1位になったのはリアルでおもしろかったです。健康だけがすべてではないと。

プロテイン

Protein drink

マイプロテイン

コスパ&飲みやすさが
続けるための2大ポイント

POINT

- どこでも気軽に買える
- とにかくリーズナブル
- 好きな味が見つかると続きやすい

トレーニングをする人だけでなく、年齢、性別、体型問わず日常的にプロテインを飲む人が増えましたよね。

ミニマリストのお気に入りは、「マイプロテイン」が1位となりました。「毎朝飲んでいるが、腹持ちがいい」「種類が豊富で、飲んでいて飽きない」「量が多い」などの意見に加え、特に「コスパ」と「種類の豊富さ」を挙げるミニマリストが多数でした。また、朝食やランチの代わりに飲むことで、タンパク質不足を補えたり、食べ過ぎの予防にもつながるのがうれしい点。

また、水に溶かすだけで十分な栄養がとれるので、防災アイテムとしても優秀。粉物のため常温保存もできて、ぼくのような冷蔵庫なし生活をしているミニマリストとも相性抜群です。

鍋

Pot

ストウブ
ピコ・ココット

煮込み料理はこれにお任せ
炊飯器代わりにも

POINT

- どんな料理もおいしくなり、ごはんも炊ける多機能ぶり
- 無水調理で素材の旨味をギュッと凝縮
- そのまま食卓へ出してもおしゃれな見栄え

フランス生まれの鋳物ホーロー鍋、「ストウブ」が多くの票を集めました。密閉性の高い重い蓋のおかげで熱伝導率が高く、保温性にも優れているのがこの鍋の特徴。素材の旨味を閉じ込めながら調理することができ、ミニマリストたちから「この鍋に任せておけば、何をつくってもおいしい」と絶賛されています。

煮込み料理はもちろん、焼く、蒸す、炒めるなどオールマイティに活躍。カレー、パスタ、鍋料理、さらには、冷蔵庫の余り物でつくる「名もなき料理」まで、なんでもおいしく仕上げてくれます。特に、無水調理は野菜の甘みたっぷりで格別の味。ごはんもおいしく炊けるので「これのおかげで炊飯器が手放せました」という声も。まさに、ミニマリスト向けの調理道具といえるでしょう。そのままテーブルに出せるおしゃれな見た目もＧＯＯＤ。

調理ツール

Cookware

無印良品
シリコーン調理スプーン

へら、おたま、しゃもじ、
フライ返し……もう全部いらない

POINT

- 炒める、すくう、盛り付ける。調理に関する作業はすべてお任せ
- シリコーン製で鍋を傷つける心配なし
- 食洗機もOKでお手入れラクラク

炊飯を炒めるためにへら、カレーやお味噌汁をよそうためにおたま、ごはんを盛り付けるのにしゃもじ、ホットケーキをひっくり返すときにフライ返し。用途別にキッチンツールを揃えるというのが、かつての常識でした。しかし、この常識を根底から覆した画期的なツールが、無印良品の「シリコーン調理スプーン」です。

耐熱温度の高いシリコーン素材を採用することで、鍋を傷つけずに炒める、混ぜるなどの作業が可能に。先端の絶妙なしなりと丸みが鍋のカーブにうまく沿うので、食材をきれいにすくいとることができます。あらゆる調理に使えるこの万能ツールのおかげで、「他のツールはすべて手放しました」と、キッチンまわりのスリム化を図るミニマリストが続出。シリコーン素材なので使いやすく、さらには食洗機ＯＫなのもうれしいですよね。

イッタラ
ティーマ

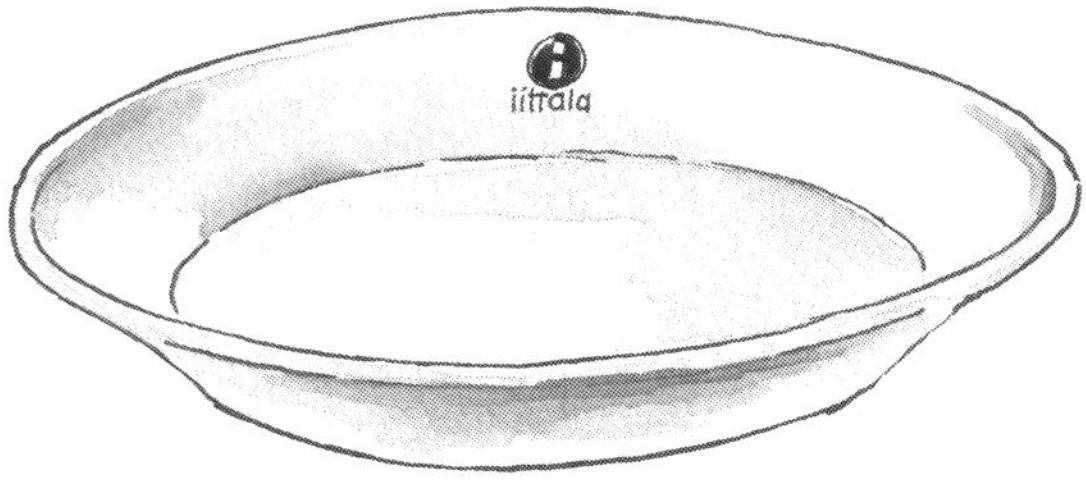

どんな料理も引き立てる
シンプルなデザイン

POINT

- 時代を超えて愛される定番品
- シンプルなデザインで料理を選ばない
- レンジやオーブンでも使える機能性

フィンランドにルーツを持つイッタラの「ティーマ」は、1952年の発売以来、変わらぬデザインで多くの人に愛されてきました。極限まで削ぎ落とされたシンプルなデザインは、まさにミニマリスト好みでしょう。

料理を選ぶことのない汎用性と、レンジやオーブンでも使える機能性。「割れにくい」と、耐久性も高く評価されています。色や形、大きさにバリエーションがあり、用途に合わせて何種類かを使いわけているミニマリストも多いようです。特に深さのある「ボウル」は、メインのおかずからパスタ、カレー、焼きそば、さらにはラーメン、スープなどどんぶりに入れるようなメニューの盛り付けも可能。「どんぶりとお椀を手放しました」という声もありました。定番品なので、万が一破損してもすぐ買い足せるのも安心ですね。

コップ

Glass

無印良品

持ちやすくて幅広く使える
洗練されたフォルム

POINT

- 普段使いから来客用まで、幅広い用途に対応
- 手になじみやすいフォルム
- 割れたらいつでも買い足しができる

シンプルなデザインが特徴的な、無印良品のガラス食器シリーズの「グラス」。普段使いから来客用まで、幅広い用途で使っているミニマリストが多く見られました。「手になじみやすく、持ちやすい」という機能面への評価に加え、200円前後で買えるという驚きのコスパも支持される理由といえるでしょう。適度な厚みと重さがあり、倒れにくいのもポイントです。

そして、「いつか割れる」というのがガラス食器の宿命ですが、同じ品物がすぐに手に入るのが定番品のうれしいところ。セットがバラバラになることもなく、統一感のあるまま使い続けることができます。

レンジでの使用も可能な「耐熱ガラスマグカップ」も人気でした。「冷たいものも温かいものもいける」と、その汎用性の高さが評価されています。マグカップならではの見た目のかわいさも◎。

水筒

Water bottle

サーモス

高い保冷・保温力で、
快適に水分補給ができる

POINT

- 保冷・保温力が高く、冷たいまま・温かいまま飲める
- パーツを交換すれば長く使える
- 食洗機対応のモデルで水筒洗いのストレスから解放

高い保冷・保温性を誇る「サーモス」の水筒。その性能の高さは「夕方、子どもが保育園から帰ってきてもまだお茶が冷たいまま」という声もあるほど。冷たいものは冷たいまま、温かいものは温かいまま、いつでも理想の温度で飲むことができます。

容量や用途に合わせた多様な商品が展開されていますが、いずれも飽きることのないシンプルなデザインが特徴。豊富なカラーバリエーションのなかから〝遊ぶ〟のもいいでしょう。消耗品といえるパーツのみを購入して交換することも可能なので、長く使うことができます。

食洗機対応のモデルも。パーツをとり外して、ひとつずつ洗って、乾かして……という水筒洗いのストレスから解放してくれる存在として、特に子どもを持つミニマリストからの支持を集めています。

サイゼリヤ

おいしいイタリアンが、
いつでもリーズナブルに

POINT

- とにかく安くておいしい
- 子どもが喜ぶメニューも豊富、家族で楽しめる
- デザートやワインも侮れないおいしさ

本格イタリアン顔負けの味を、驚きの低価格で食べられる「サイゼリヤ」。お小遣いに限りのある学生さん、家族それぞれいろいろなものを食べたいファミリー層、さらに、辛味チキンやムール貝をつまみに「サイゼ飲み」（グラスワインが１００円！）を楽しむ層まで、あらゆる世代が満足できるファミリーレストランです。

外食時の「野菜が不足しているのでは……？」という心配も、サラダ類や付け合わせなど、メニューをきちんと選べば問題なし。「ファストフードの１０００円は高いと感じるけど、サイゼリヤの１０００円は安い！」という、コスパに厳しいミニマリストならではの意見もありました。デザート類も豊富で、お気に入りのスイーツメニューを挙げてくれたミニマリストも多数。前菜、メイン、デザート、ドリンクまで頼んでも、会計時に「安っ！」となるのが一連の流れです（笑）。

あの人はなぜこれを選ぶのか

エリサ編

(Voicy チャンネル「日々活ラジオ」パーソナリティ、ブロガー)

ボトムス　ストレッチスカート／Rouge vif la cle

履き心地はジャージ、見た目はきれいめ。ウエストが伸びるのにゴムが見えない仕様なので、ラクなのにシルエットがすっきり。

イヤホン
CARD 20 Pro／YOBYBO

世界最薄クラス。ポケットに入れてもふくらまず、小さなカバンのすき間にもすっぽり入る。自分が必要とする最小限の機能「情報を得る」で選んだ。

掃除用品
MARVELOUSJ

これ1本で汚れ落とし、除菌、消臭、排水改善などができる。新型コロナウィルスも 20 秒以内に 99.99% 死滅。しかも無香料で肌にやさしい。

缶詰
ライトツナフレーク／donki

外装フィルムをはがすといっさい情報がないシンプルなシルバー缶に。味付けや加熱をしなくても食べられるので、防災備蓄食材としても最適。

ストレス発散法
散歩

心と体を整えるために。仕事が煮詰まったときに気分転換もでき、体型と体力の維持にもなり、ストレスを解消して睡眠の質も改善される。

漫画
『応天の門』

菅原道真と在原業平が京で起こる謎を解き明かす、日本版シャーロック・ホームズともいえる作品。日本画を眺めているような気持ちになる画力にも注目。

CHAPTER5

HABIT

習慣

筋トレ

誰でもどこでも、スキマ時間に
効率よくトレーニング

POINT

- 準備いらずで、気が向いたらすぐ始められる
- 鍛えたい部位をピンポイントで狙い撃ち
- 自分に合ったメニューで続ける楽しさ

コロナ禍を経て世の中の健康志向が高まり、いっときのブームにとどまらず定着した感のある「筋トレ」。特別な場所やウェアなどの準備を必要とせず、気分さえ乗れば「いつでも、どこでも」できる手軽さから、多くのミニマリストが精を出しているようです。一方、「意識の高い人たちに囲まれて、モチベーションがアップする」「家だと甘えが出てしまうが、ジムに行ってしまえばサボれない」と、ジム通い派の人もいました。

「腕はもちろん、腹筋や胸筋、背筋も鍛えることができる」（腕立て）、「体全体に負荷がかかる」（腹筋ローラー）、「動かす筋肉の量が多い」「気軽に続けられて、全身運動になる」（スクワット）など、特定のトレーニングメニューを推す声も。

ちなみに、次点は「歩く」でした。普段の生活にとり入れやすく、気分転換にもなりますよね。ぼくも2駅、3駅ぐらいなら余裕で歩きます。

寝る前に
スマホを見ない

スマホからの刺激オフで、
質のよい睡眠へ

POINT

- 寝る前は、なるべく刺激のない穏やかな時間に
- 寝室にスマホを持ち込まない
- スマホに触らないためのマイルールを設定

「物よりコト」重視するミニマリストたちも「健康が何よりの資産」と考える人が多いようです。「健康は目に見えにくく、即効性がないからこそ、日頃からの対策の積み重ねが大切である」と。健康にとって必要なこと、その最たるものが「睡眠」でしょう。

では、質のよい睡眠をとるにはどうすればいいか。ミニマリストたちの答えは「寝る前にスマホを見ない」でした。寝る前にスマホを見ると、その光が刺激となり、寝つけなくなったり、眠りが浅くなったりしてしまうという弊害があります。スマホに夢中になっていたら、いつの間にか深夜……というのも、よく聞く話ですよね。

こうした状況を防ぐために、「寝室にスマホを持ち込まない」「23時以降はスマホの電源ＯＦＦ」「入浴後はスマホを見ない」といったマイルールを設けているミニマリストも。手元にあるとついつい見てしまうスマホ、強制的に見られない状況をつくり出すことが睡眠の質向上につながっていきます。

健康法
Health

散歩

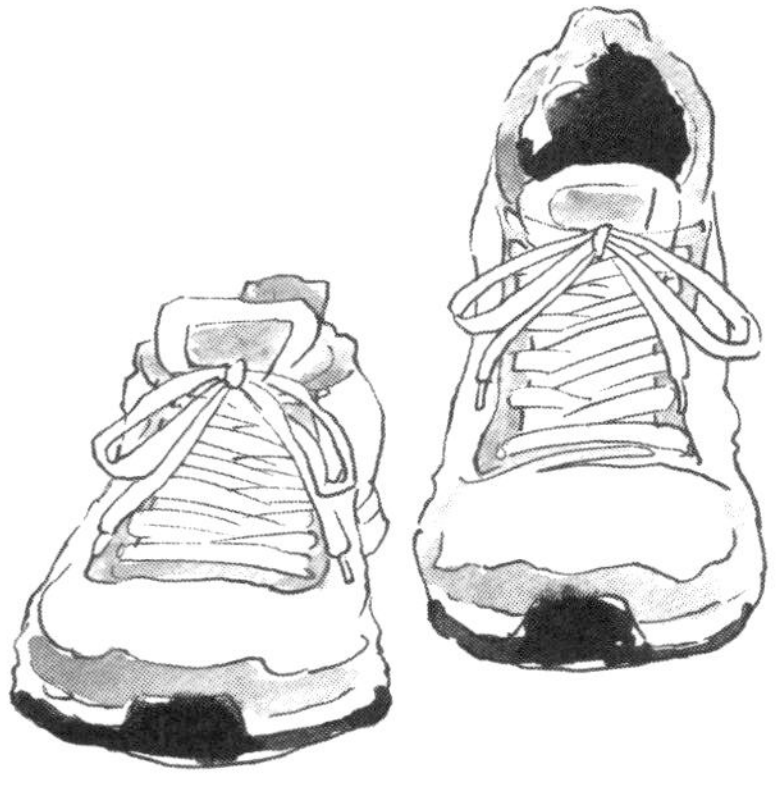

景色を見ながら心身すっきり

POINT

- お金のかからない最も手軽な健康法
- 四季を感じながらリフレッシュできる
- ストレス発散や頭の整理にも

思い立ったら誰でもすぐにできる、最も気軽な健康法ともいえる「散歩」。歩くことは体にいいだけでなく、もやもやした気持ちがすっきりしたり、頭のなかが整理されたりと、内面への前向きな効果ももたらします。四季の移り変わりを感じながら歩くのは、何よりのリフレッシュとなるでしょう。

お金もかからないし、肉体的な負荷も大きくないので、続けやすいのもポイント。「20～30分歩くだけでもすっきりする」「毎日1万歩は歩きます」など、自分なりの目安となる数字を持つミニマリストもいました。「朝、歩くとセロトニンが活性化し、体内時計がリセットされる。メンタルも改善し、夜の寝つきがよくなる」と、歩く時間帯にこだわりを持つ人も。自分のライフスタイルに合わせてうまく習慣化することで、健康維持につなげたいですよね。

ストレス発散法
Refresh

寝る

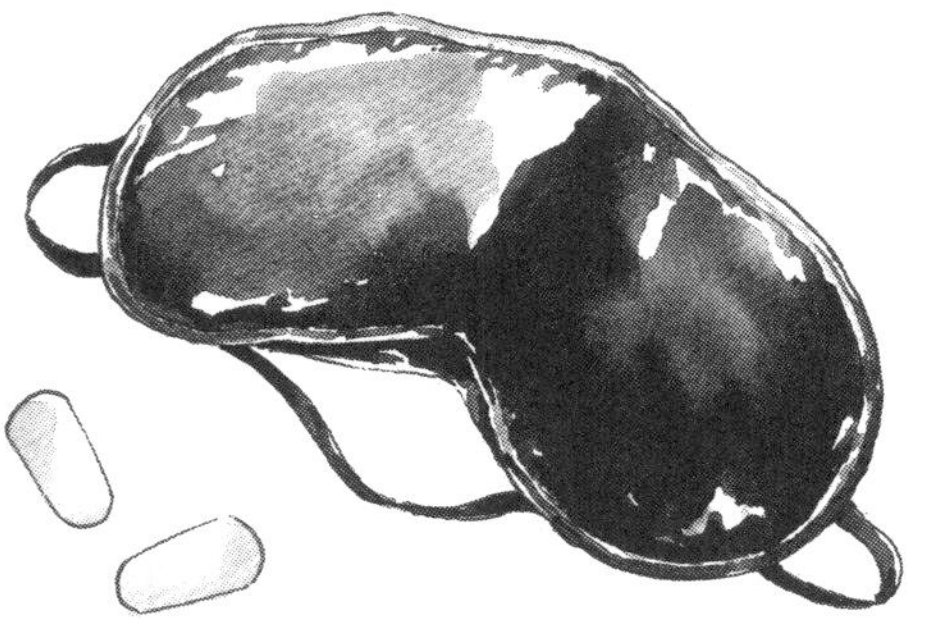

睡眠不足はストレスの敵

POINT

- 十分な睡眠がストレスを軽減
- 寝れば、嫌なことを考えずに済む
- 時間が経つのを忘れさせてくれる

ストレス発散法のベストは「寝る」でした。シンプル過ぎるようにも感じますが、これが実は本当に重要なことです。「他のことでストレス発散をしても、やはり睡眠がうまくとれていないと、結局またすぐにイライラしてしまう」という方がいましたが、まさしくそのとおりだと思います。心穏やかに日々を暮らすには、何よりもまず睡眠が大切です。

イライラしたり、疲れを感じたり、悲しいことがあったりしたなら、とにかく寝るに限る。起きていても無駄なことを考えてしまうだけなので、睡眠で強制的にシャットアウトしてしまいましょう。「時間薬」という言葉もありますが、寝れば自動的に時間も過ぎますしね。早めにお風呂に入って、早めに布団に入る。そうすれば、今日よりも少しはストレスのない明日が、きっとやってきてくれるはずです。

本

『ぼくたちに、もうモノは必要ない。』

ミニマリストになる
きっかけになった本

Book

POINT

- ミニマリスト第一人者の名著
- 物を手放すことで得られる幸せを知る
- ミニマリスト生活の心の支えに

本のベストに選ばれたのは、ミニマリストの第一人者としても知られる、佐々木典士さんの『ぼくたちに、もうモノは必要ない。』でした。２０１５年に出版されたこの本は、ミニマリストブームの先駆けとして、日本だけでなく世界各国で読み継がれています。

ミニマリズムの概念から物の減らし方まで、ミニマリストとして生きるための心得を網羅。最小限の持ち物だけで生きることで得られる本当の幸せを、広く世に知らしめた名著中の名著です。

「ミニマリストを志すようになったきっかけの本」という回答も多く、２０１０年代後半、この本が社会に大きなインパクトを与えたことがうかがえます。

「How toは少なめで、理論が中心なのがいい」「生活が荒れそうになったら定期的に読み返している」と、その教えを心の支えにしているミニマリストも多く見られました。

『マイ・インターン』

どんな日常も
幸せと感謝にあふれている

POINT

- 仕事や家族との向き合い方を考えさせられる
- 人は誰かと助け合いながら生きていることを再確認
- 包容力のあるロバート・デ・ニーロの演技

人によって好みがわかれることは重々承知しながら、ミニマリストのみなさんに「ベスト映画」も聞いてみました。予想どおり票は割れましたが、僅差で1位となったのが『マイ・インターン』。ロバート・デ・ニーロ、アン・ハサウェイ出演、ナンシー・マイヤーズ監督による2015年公開の作品です。

華やかなファッション通販サイトの女性社長のもとにやってきた、70歳の「シニア・インターン（新人）」。世代を超えたふたりの交流を通して、仕事、そして家族との生活のなかにある幸せに気づかされる良作です。円熟味を増し、包容力のあるデ・ニーロの演技に心が温まります。

2位は、『ショーシャンクの空に』『プラダを着た悪魔』『最高の人生の見つけ方』『タイタニック』の4作品が同率で選ばれました。

『SLAM DUNK』

人生のためになる名言多数！
伝説のバスケ漫画

POINT

- 30年にわたり読み継がれてきた名作
- 魅力あふれる愛すべきキャラクターたち
- 人生のためになる、名シーン・名言の数々

１９９０年から１９９６年にかけて『週刊少年ジャンプ』で連載されたバスケ漫画の金字塔『SLAM DUNK』が多くの票を集めました。連載終了から四半世紀以上が経過した今もなお、その輝きは色褪せることなく、世代を超えて読み継がれています。２０２２年に公開された映画『THE FIRST SLAM DUNK』も異例のロングランを記録するなど、大きな話題になりましたよね。

学生時代に読んで「バスケを始めるきっかけになった」「青春そのものの作品」という人もいれば、「心を奮い立たせるときに読む」「人生に役立つ名言が散りばめられている」「安西先生の『あきらめたらそこで試合終了ですよ』は子どもにも伝えたい教え」など、大人になって読み返しても学びの多い名作。登場するすべてのキャラクターが魅力にあふれています。全31巻で、気軽に読み返しやすい長さなのもいいですよね。

ちなみに、次点は『ワンピース』でした。ジャンプ強し！

California Gold Nutrition Vitamin D3

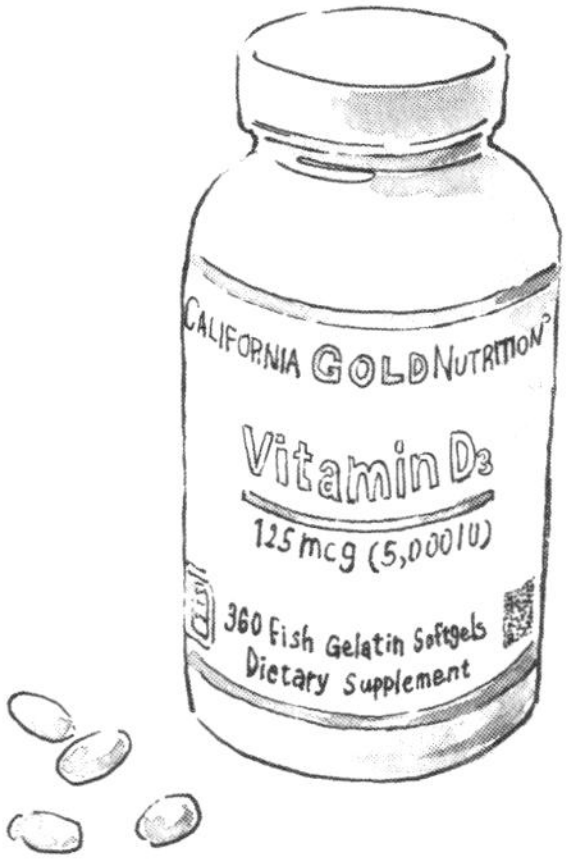

室内で過ごしがちならぜひとりたい
“太陽のビタミン”

POINT

- 日の光を浴びると体内で生成されるビタミンD
- 日光にあまりあたらない人はサプリで補給
- 大手プライベートブランドの安心感

いまや、健康や美容のケアのために欠かせない存在となったサプリメント。食事や睡眠をとるのと同じ感覚で、日常的にとり入れているという人も多いでしょう。

ミニマリストたちに選ばれたのは、「California Gold Nutrition Vitamin D3」。California Gold Nutrition（カリフォルニア ゴールド ニュートリション）は、4万点以上の自然派健康関連商品を提供するアメリカの大手通販企業、iHerb社のプライベートブランドです。

ビタミンDは、カルシウムの吸収をサポートし、強い骨をつくるのに欠かせない栄養素。サケやマグロ、サバなどに含まれますが、日光を浴びると体内で生成されることから、別名「太陽のビタミン」とも呼ばれています。あまり日の光を浴びないインドア派の方、あるいは在宅勤務がメインで家で過ごすことの多い方たちから票が集まりました。

読書

新しい知識や価値観に触れられる、
高コスパの“趣味の王道”

POINT

- 新しい知識が増え、自分の視野が広がっていく
- あまりお金がかからない
- 図書館やカフェで読むのが好きな人も

「趣味はなんですか？」。さまざまな場面で耳にする質問ですが、「実際に聞かれると困る」という人も多いのではないでしょうか。ミニマリストたちの「ベスト趣味」に挙がったのは「読書」。子どもから大人まで、誰もが手軽に楽しめる趣味の王道ですね。

これだけ多くの人に支持されるのは、「想像力や読解力が磨かれる」「未知の考え方や価値観に触れられる」など、得られるものが多いからこそ。本なら購入してもそこまで高い物ではないし、図書館で借りればなんと0円。コスパのよさは趣味界随一といえるでしょう。また、買ってすぐに「出品」して、配送前に集中して読み終える「メルカリ読書」を実践している方も。

ミニマリストは紙の本より電子書籍派が多いのかと思いきや、「紙のほうが記憶に残るから紙で読む」という人も多数。「図書館の雰囲気が好き」「カフェで本を読むのが至福」と、場所とセットで楽しむ人もいました。

つみたてNISA

少額から投資可能!
長期で資産形成を

POINT

- 100円から始められる手軽さ
- 運用益は非課税
- 自動積立なのでほったらかしでOK

お金の自由を得るために、ミニマリストになったという人はぼくを含め多いですが、「ベスト投資」としてほぼ半数に迫る票数を得たのが「つみたてＮＩＳＡ」です。「つみたてＮＩＳＡ」とは、２０１８年１月に開始された少額からの長期・積立・分散投資を支援するための制度で、運用益が非課税になるというメリットがあります。投資対象は国が定めた基準を満たした投資信託商品に限られているので、初心者でも安心して始めることができます。

　１００円という少額からの投資が可能で、若い世代の投資に対するハードルを一気に下げてくれました。自動積立なので、一度口座を開設すればあとはほったらかしでもＯＫ。時間が資産形成の味方になってくれます。少し前に「老後の資金としてひとり２０００万円必要」なんていう報道もありましたが、「若いうちからつみたてＮＩＳＡを始めておけば、老後の問題も難なくクリアできる」という意見も。

Instagram

自分らしさの発信&交流の場

POINT

- 画像投稿でオリジナリティを発信
- 他のミニマリストの発信が刺激に
- 人生を変える情報に出合うことも

Instagramといえば「写真」と「ストーリー」でしょう。特に投稿が24時間で消えるストーリーは「残らず消えるので、気楽に投稿できる」と人気で、ストックではなくフローな発信ができるのもミニマリスト的。また最近は「LINEではなくInstagramを交換してＤＭでやりとりする」という人も増え、写真・動画・文章の発信にとどまらず、チャットツールとしても機能するオールインワンアプリになりました。

また、美観を重視するミニマリストたちにとって、すっきりとしたインテリア写真を直感的に見つけることができたりと、ミニマリストの情報収集としても相性抜群。自ら発信することが日々のルーティンになっている人も多いでしょう。直感的に「いいな」と思う投稿から刺激を受けたり、まねをしてみたり。なんとなく眺めているうちに、人生を変えるような情報に出合うこともあるでしょう。インスタを通じて生まれる交流も、日々を豊かにしてくれます。

CHAPTER5

HABIT
習慣

サブスク

Subscription

Amazonプライム

コンテンツ盛りだくさん＆
配送料無料の“最強のサブスク”

POINT

- 映画、ドラマ、アニメが見放題
- 年間5,900円という破格の利用料
- うれしい配送料無料&お急ぎ便サービス

映画、ドラマ、アニメなどさまざまなコンテンツが楽しめる「Amazonプライム」。映像作品（Prime Video）に加え、本の読み放題（Prime Reading）、音楽聴き放題（Amazon Music）など、年間５９００円という破格の値段でさまざまなサービスを利用できる最強のサブスクです。２０２３年8月に値上がりしましたが、「それでも安い！」と納得しているユーザーがほとんど。Amazonプライムでしか観ることのできない、オリジナル作品も人気です。

何より最強なのは「配送料無料サービス」。ストックを避けるミニマリストにとっては欠かせません。プライム会員であればお急ぎ便も無料で、最短で当日に届くこともあります。「Amazonという強大な倉庫が存在しているからこそ、ミニマリストは物を手放せるのかもしれない」という鋭い考察をするミニマリストも。

服

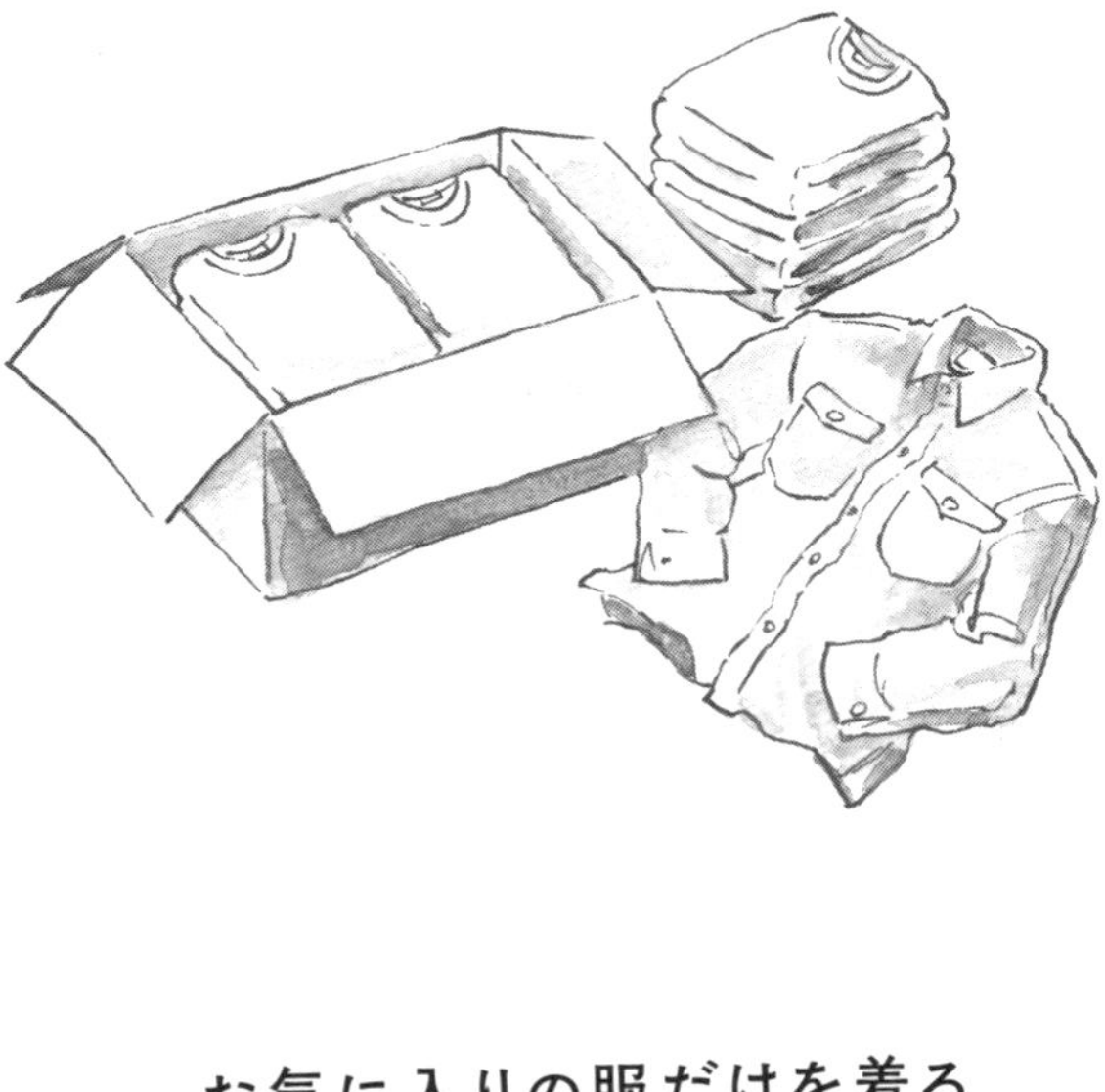

お気に入りの服だけを着る
ウキウキな毎日

POINT

- 毎日お気に入りの服だけを着られる
- 服選びに迷わなくなり、朝の支度がスムーズ
- 部屋のなかがすっきり

「手放してよかったもの」のベストは「服」でした。ぼくも中学、高校の頃はファッション大好き人間だったので経験がありますが、何も考えずシーズンごとに服を買っていると、いつの間にか部屋が服だらけになってしまいますよね。

ミニマリストになってからのぼくは、「私服の制服化」を図っています。とにかく毎日、同じ服を着る。選びに選んだお気に入りの服だけを着るわけだから、毎日気分がいいし、朝、「今日は何を着ようかな」と迷う時間も短縮できます。

ぼくほどストイックにしなくても、いらない服を処分し、お気に入りの服だけを残すというのはミニマリズムの基本です。「部屋が広く使えるようになった」「服を買うのに慎重になり、無駄買いが減った」「買う点数が減ったぶん、1枚あたりの予算が増え、質のいい洋服を買うようになった」「自分に似合う服がわかって、おしゃれといわれることが増えた」など、いいことずくめです。

最初に片付けた場所

First step

クローゼット

最も片付けがいのある、
いらない物の巣窟

POINT

- 持ち物のなかでいちばん多い「服」
- 「本当に着たい」と思えるものだけを残す
- 空いたスペースを有効活用

ミニマリストを志す多くの人が、いちばん最初に片付けたのが「クローゼット」でした。前項「手放してよかったものは？」の質問にも通じますが、多くの場合、クローゼットの片付け＝服の処分ですね。人の持ち物のなかでもいちばん多い服こそ、手のつけがいがあります。

「1軍、2軍、3軍と大別して、1軍だけを残した」「所有している服のなかで『本当に着たい』と思える物だけを残した（わずかしかなかった）」など、みなさん、それぞれの指針で「いる」「いらない」を判断していた様子。また、毎日身につける物だからこそ効果をすぐに実感できるので、モチベーションも保ちやすいです。

「クローゼットの収納部分を片付けたら、他の場所を片付けるときに、その空いたスペースへ物を入れることができた」という意見も。ミニマリズム追求への第一歩として、これほど最適な片付けスペースはありません。

お金を惜しまないこと

Spare no expense

旅行

物よりコト。
経験こそが人生の糧となる

POINT

- 思い出は一生ものの財産
- お土産よりも現地での体験を重視
- 物を減らしたぶん、経験にお金をかけられる

ミニマリズムの考え方の基本に、「人生にとって必要のないものは極力削ぎ落とし、本当に大切なことに集中する」というものがあります。その具体的なプロセスとしてまず、物を減らすことで迷いをなくす。そうやってシンプルな暮らしが定着すると、お金も時間も余り始めます。

では、みなさんが、その余ったお金や時間を注ぎ込みたい「大切なこと」とはなんでしょう。最も多かったのが「旅行」という回答でした。物よりコト、すなわち経験にお金をかけていることがわかります。「子どもにとって経験は大きな財産。これからもいろいろな場所へ連れて行きたい」「家族との〝思い出支出〟の比率を高めにしている」というパパさん、ママさんミニマリストもいました。

少ない荷物で、気が向いたときにサッと旅立てるのもミニマリストの特権。そして、お土産は少なく抑え、あくまでも現地での体験を重視するのがミニマリスト流の旅のスタイルです。

ふるさと納税の返礼品

Hometown tax

お米

せっかくもらうなら、
毎日食べる必需品を

POINT

- 賢くお得に、おいしいお米をGET
- 食費を浮かせる最善の策
- 配送してもらえるありがたさ

年々、利用者が増加しているふるさと納税制度。ふるさとや応援したい自治体に納税すると、返礼品として地域の特産物などをもらうことができる制度です。

豪華な返礼品がたびたび話題になりますが、ミニマリストたちが選んだのは「お米」。まさに、実用品中の実用品といえるでしょう。「毎日食べる、必要不可欠な食品」「スーパーで買うと高いので、制度を利用してお得にＧＥＴ」「お米は重いので、配送してもらえるのが便利」など、みなさん有効活用しているようです。なかには、「お米はほとんどふるさと納税でもらうぶんで賄っている」という強者も。

「青天の霹靂」（青森県五所川原市）、「はえぬき」（山形県天童市）、「ふくきらり」（福岡県赤村）、「さがみのり」（佐賀県上峰町）など、特定のブランド米を好む人も多かったです。昨今、物価も高騰していますから、制度を賢く利用して、生活費の圧縮につなげたいものですね。

あの人はなぜこれを選ぶのか

ミニマリストしぶ編

（ブロガー、YouTuber。アパレルブランド「less is _ jp」監修）

長袖トップス　バッグレスシャツ／less is _ jp

背中にノートPCも収納できる「手ぶらシャツ」。収納ポケットが多めで、カバンいらず。日常使いしつつ、海外旅行時の防犯対策としても重宝しています。

スピーカー LSPX-S3

Bluetooth スピーカーと間接照明が一体化した、キャンドルライトのようなスピーカー。ソニーが公式サイトにも「ミニマル」と記載したデザインで美しい。

調味料 オリーブオイル

わが家にはドレッシングがありませんが、オリーブオイル＋塩の組み合わせで野菜もアボカドもおいしく食べられる。結局、シンプルなのがいちばん。体にもやさしい。

プロテイン SAVAS

手軽に摂取できるタンパク源にも、防災用の備えとしても使える便利な「人類の叡知の結晶」。全国のコンビニでも手に入るので、ランチ代わりにも。

いす　スタッキングスツール／アンドエヌイー

家具の定番。シンプルな見た目はもちろん、重ねて省スペースに収納したり、サイドテーブル代わりにしたりと使い道いろいろ。足付きで床掃除も簡単。

趣味 筋トレ

貯金ならぬ貯筋をしています。家でできる自重トレーニングならお金もかからないし、体格がよくなってシンプルな服を着てもさまになる最高の趣味。

おわりに

「ミニマリストの道具、のような書籍企画を考えています」
「１００人のミニマリストたちからデータを集め、いちばん手っ取り早く『ミニマリストの最適解』がわかる本。物を減らしたい、持つ・持たないの基準がほしい、無駄なものにお金を使って後悔する……という人のための本」（企画書の原文そのまま）

前作『手ぶらで生きる。見栄と財布を捨てて、自由になる50の方法』を担当してくださった編集者Ｙさんからのこんなメッセージが、制作のきっかけでした。ＳＮＳでミニマリストの発信を見たり、Ｙさん自身がミニマリズムを実践したりするなかで、「どんな物で生活したらいいのだろう」と壁にぶつかったところから企画を思いついたようです。

本書の出版元であるサンクチュアリ出版は、「発売するのは月に1冊だけ」「発売した本はどれも販促を丁寧にやる」という、本のつくり方・売り方にミニマリズムを感じる出版社さんです。大量の本をつくって、その中で売れ行きのいい、いわゆる〝あたった〟本だけに広告費をかけて……という一般的な出版社さんとは真逆をいくスタイル。

月１冊の本で社員さんを食わせているだけあって、企画会議を通過するのは難しく、発売に至らない企画も多々あるそうです。あまたの企画の中から「ミニマリストの〝物〟本」を選んでくれたサンクチュアリ出版さん、そして、声をかけてくれたＹさん。ありがとうございます。

それと同時に、２０２４年の今、この本を発売することができたのは、「ミニマリストたちの持ち物選びが世に求められている」と判断されたからといえるでしょう。

コロナ禍で「おうち時間」が増え、多くの人が家を片付けて居心地のよい空間をつくる必要に迫られました。さらに、物価の急激な高騰など、社会は目まぐるしく変化しています。そんな中、「持つ・持たないの基準が知りたい」「無駄な物にお金を使いたくない」と考える人が増えるのは当然のこと。いわば、「時代がミニマリストを求めている」状態です。

一口にミニマリストといっても、そのあり方は多種多様。「子育ての負担を減らしたい」と家族で実践している人もいれば、「経営に集中するために」と決断疲れをなくすために物を減らす人もいる。もっと深掘りすると、「数の少なさよりも、ミニマルな美観を優先」というミニマリストもいたり。

もともと「ミニマリスト」という言葉は、１９００年代に「必要最小限の装飾でアートをつくる芸術家」という意味で使われたといわれています。転じて、２０１０年代に「少ない持ち物で生活する人」を指すようになり、いまやミニマリズムはひとつの文化として根付いています。

物を減らす理由も「部屋をきれいにしたい」「物がない余白の空間が気持ちいい」など、元をたどれば、美しさにこだわっているのはミニマリストの特徴。本書で「ベスト」として選ばれたのも、Appleや無印良品、バルミューダなど「便利なだけでなく、ミニマルなデザインが美しい」物が多かったのも納得です。

こうした傾向が明らかになったのも、ミニマリストのみなさんの協力のおかげです。今回、ぼくは著者ではなく、監修者という立場から「１００人のミニマリストたちへの依頼」「選ばれたアイテムの解説」を担当させていただきました。制作に携わる方々の意見もとり入れ、できるだけ中立的になるよう心がけましたが、ぜひ、

１９８ページに記載した１００人のミニマリスト一覧もチェックしてみてください（２０５ページには、ミニマリストたちのＳＮＳへ飛べるＱＲコードも掲載しています）。あなたの生活にフィットするようなミニマリストに出会えるはず。

最後に、この本がつくれたのも「より少なく、しかしよりよく」に共鳴したミニマリスト１００人の協力があったからです。ミニマリストのみなさん、本当にありがとう。

２０２４年１月　「ミニマリストしぶ」こと澁谷直人

APPENDIX

巻末付録

ミニマリスト流
少数精鋭の物選び
メソッド７選

本書ではミニマリスト100人が選ぶベストアイテムを見てきましたが、ミニマリストしぶ自身が物を選ぶときに心がけているポイントを7つにまとめました。より少なく、よりいい物を手に入れるためのメソッドを紹介します。

1

多機能でオールインワンになる物を選ぶ

ミニマリストは、スマートフォンの普及とともに流行り始めました。カメラ、ネットサーフィン、ゲーム、電話、キャッシュレス支払いなど、1台でなんでも代用できるスマホは、ぼくたちのミニマルなライフスタイルを成り立たせてくれるありがたい存在です。

スマホを筆頭に、こうした「多機能」なアイテムは持ち物を減らすうえでとても有効です。たとえば、「ひとつですべて洗える全身シャンプー」や、「幅広い期間で着まわせるシーズンレスな服」を選ぶ。「炊飯器を持たずに、フライパンでお米を炊く」というような、すでに持っている物の違う使い道を模索する精神も欠かせません。「土鍋のようにお焦げができてむしろおいしい」といった思わぬ副産物をもたらすことも。

2

小さく、体積を圧縮できる物を選ぶ

「小さくたためる物」はミニマリストの定番。「小さくたためる」ことを意識してつくられたキャンプアイテムを、家庭用に使っている方も多いですよね。

つい、物の「数」を減らすことを重視しがちですが、それ以上に「体積」を減らして「圧縮」することを意識しましょう。どんなに数が少なくても、大型家具が多ければ空間の縛りから自由にはなれません。身軽な引っ越しや部屋のゆとりは、省スペースな暮らしから生まれます。

また、女性ミニマリストからよく聞くのが、「ミニ財布を使い始めて、ミニバッグで済むようになった」という話。小さなアイテムを選ぶことによって、周辺アイテムも芋づる式でダウンサイジングすることが可能になります。

3

「ハイテク」か「アナログ」かで物を選ぶ

スマートフォンをはじめとしたデジタルガジェットの進化により、人類が身軽になっているのは周知の事実でしょう。「ベストプロジェクター」で紹介した「アラジンエックス」のような、照明一体型で配線いらずな製品しかり。最先端のハイテク製品にアンテナを張っておくと、ミニマリストが求める「コンパクト」「時短」につながるようなアイテムに出合えることが多々あります。

しかし、ハイテクが必ずしもいいわけではなく、「いろいろできてしまう」からこそ管理が煩雑になってしまうことも。「バッテリー充電が不要で管理がラク」「あえて乾電池タイプを使うことで、バッテリーが劣化せずいつまでも使い続けることができる」というアナログだからこそのよさもあります。ハイテクとアナログ、どちらが使いやすいかを見きわめると物選びはより洗練されます。

4

「機能美」を満たす物を選ぶ

機能美の最たる例がApple製品でしょう。シンプルかつ直感的な操作性。デジタル端末とは思えないほど美しい、アート作品のような筐体《きょうたい》デザイン。その使いやすさと心躍る美しさは、多くのミニマリストに愛される所以でもあります。

デザインと機能、どちらを優先するか？　迷ったときには「機能美のバランスがとれている物」をおすすめします。どれだけ機能が優れていても、見た目が気に入らないと愛着を持って長く使うことは難しいですし、逆もしかりです。

もちろん「デザインの美しさを第一優先にしたい」「どれだけ見た目がよくても、機能性が低いとだめ」と、自分の価値観が明確に定まっているのであれば問題ありません。そうでない場合は、両方を満たしているからこそ「ベスト」になり得るというパターンが多いです。

5

「管理コスト」が低い物を選ぶ

「家賃が高過ぎてお金が貯まらない」「デザインに惹かれて買ったはいいけど、手入れが面倒になってさっぱり着ていない」……こんな経験、ありませんか？

ぼくも昔、デザインに惹かれてまったく同じニットを3着買い、それだけを着ていた時期があります。しかし、見た目はすごくタイプなのに、洗濯機にかけたり毛玉をとったりするのが億劫で、次第に着ること自体がストレスになってしまいました。そこで気づいたのが「どれだけ美しい物でも、洗濯が面倒な服は愛せない」という事実。

自分が管理できるキャパを超えた物は、使用頻度が落ち、いずれクローゼットに眠ることになるでしょう。特に金銭面のコストは生活を圧迫し、多大なストレスにつながります。物を選ぶ際は、「これは余裕を持って管理できるか？」をよく考えましょう。

6

「所有欲」を満たしてくれる物を選ぶ

物が増える諸悪の根源は「安物買いの銭失い」、つまり質より量を優先した買い物です。「価格もミニマルに」と、安さ優先で選んだ物は愛着も湧きにくいもの。中途半端に妥協した物では所有欲も満たされません。

ミニマリストだからこそ、本当にほしい物は我慢せず、「1点豪華主義」なお金の使い方で思い切って買いましょう。ミニマリスト生活を続けていくと、無駄な買い物は減り、高価な「1点」購入にあてる軍資金も貯まりやすくなっているはず。そうやって、本当に自分がほしいと思える物に囲まれていると、「あれもこれも」と物欲に惑わされることはなくなります。

7

「物の出口戦略」が見える物を選ぶ

ミニマリストの多くは、物を買う時点で「手放す」ときのことも考えています。そこで役に立つのが「物の出口戦略」という考え方です。

ここでいう出口戦略とは、「売れるか」「譲れるか」「使い切れるか」の3つ。たとえば、物を買う前に、いくらで売れるかをメルカリで調べておく。手放すときにお金になって返ってくれれば、無駄金になりません。実は、ミニマリストにApple製品が人気なのは「中古で売っても高く売れるから」という理由もあるのです。

そして、出口戦略として最悪なのが「捨てる」こと。あと先を考えずに買って使い切れなかったり、売れなくて捨ててしまったりするのは、経済的にももったいないし、物や環境にとってもよくありません。あらかじめ出口を考えて物を選ぶことで、手放し体質になれます。

取材協力ミニマリスト一覧

 赤城あきら（X @akira_akagi）

 あっちゃん｜ゆるミニマリスト（Instagram @achan_194）

 あぽん（Instagram @minimalist_apon）

 あや（Instagram @minimalistaya）

 いえは（Instagram @ieha.minimal）

 いけあい（Instagram @ikeai_minimalist）

 池田大志（X @taishi_ikeda823）

 エリサ（Voicy　https://voicy.jp/channel/2324）

 おきく（Instagram @okiku1989）

 おさ（Instagram @osamamagram）

 おとも（Instagram @otom_3）

 オノチャン（Instagram @onochan001）

 かける｜ゆるい暮らし（X @minimal_kakeru）

 かさも（Instagram @minimalist_kasamo）

 兼子寿弘（X @minimalbouzu）

 カヨ ミニマリスト（Instagram @minimalist_kayo）

 ぐう（Instagram @irutoiranai）

 クラシ（Instagram @kurashi_camera）

 香村 薫（Instagram @minimalife_kaoru）

 小菅彩子（Instagram @ayako.kosuge.official）

 阪口ゆうこ（Instagram @sakaguchiyuko___）

 笹川（X @_sasagawa_）

 しょうこ（Instagram @shoko_minimum）

 太一 / EXIT JACK（Instagram @taiichi_kmr）

 たかしん（X @minimalTAKASHIN）

 タツモ（X @tatsumo11）

 月（YouTube @moon_Log）

 どーしても楽したいあこちゃん（Instagram @acochan_rakuraku）

 トバログ | 鳥羽恒彰（YouTube @tobalog_toba）

 なかそにー（Instagram @nakasoniii_minimal）

 中野和哉（X @Nakanomad）

 はる（Instagram @haru_cospa）

 ぴぃ😊ゆるミニマリスト（Instagram @pii_0530）

 ひじり（Instagram @hijiri.01）

 ひつじ（Instagram @minisheep83）

 ぴな（Instagram @pina__life）

 藤原 華（X @hana__heya）

 ボーノ（X @honoboonosan）

 ほぷ（Instagram @hope__323）

 まつ@ミニマルな暮らしとファッション（Instagram @matsu_room_nurse）

 ママミニマリスト Mai（YouTube @mai_mama.minimalist）

 まゆ | ゆるく続けるミニマルライフ（Instagram @x829xx）

 まるこ（Instagram @mrk__life）

 みく（Instagram @akairo39）

 南 和繁（Instagram @minami_abrasus）

 ミニマリストあさこ（Instagram @asap_minimal）

 ミニマリストゆい（Instagram @yui___life）

 ミニマリストゆみにゃん（YouTube @yuminyan_mini）

 ミニマリスト K（YouTube @minimalist_____k）

 ミニマリスト marion（Instagram @ma___on）

 ミニマリスト meg（Instagram @meglog8）

 ミニマリスト megu（Instagram @my_home_mgm）

 ミニマリスト Mikuto（X @minimal_mikuto）

 ミニマリスト n.h（Instagram @minimalist.n.h）

 ミニマリスト Nozomi（Instagram @nozominimam）

 ミニマログ（X @minima_log）

 みむ（Instagram @mimu.__life）

 ムッタ（Instagram @muttablog）

 ゆなな（X @Yunana_mini）

 よしかわりな（Instagram @rina_na444）

 よしみ子（Instagram @yoshimiko_desu_）

 四角大輔（Instagram @daisukeyosumi）

 りくと / 余白のある暮らし（YouTube @rikuto_takemoto）

 りな（Instagram @rina__kurashi）

 わかまる（X @wakamaru025）

 Abroader（アブローダー）（X @Abroader15）

 ao（Instagram @___.ao____）

 Apartment301（Instagram @apartment_m301）

 ena（Instagram @ena_days_）

 gaku（X @_gakkugaku）

 gomarimomo（Instagram @gomarimomo）

 hoe（X @fyoenys）

 icco（Instagram @___.icco.___）

 ice（Instagram @ice_minimalist）

 Key（X @key_0106_）

 kinopiko（Instagram @kinopiko15）

 limbear（Instagram @limbear_）

 LuLu（Instagram @minimumode）

 m'm（Instagram @m_m_home）

 Masaya™（X @m_s_y）

 MIHO（Instagram @miho_style_）

 Minimalist Takeru（YouTube @MinimalistTakeru）

 Misaki（Instagram @_____simplelife.m）

 mutsumi（Instagram @tengjingmuwei）

 nami（Instagram @minimal.na_mi）

 Odeko（YouTube @Odeko.）

 ponpoco（X @zeitaku_tanuki）

 Reo（X @reolog_life）

 rice（Instagram @riceminimalist）

 SAYA（Instagram @minimal.say）

 shin(余白のある暮らし)（X @nanijan_shin）

 SHIRO（Instagram @__s_room__）

 sin（YouTube @sinminimallife）

 sio（Instagram @__sio__minimal__）

 sora（Instagram @sora_0010）

 sumi（Instagram @sumi_kurashi）

 Tachibana Kaima（Instagram @kaima_official_）

 Woody（Instagram @woody_mini）

 yuha（X @minimalist_yuha）

 ミニマリストしぶ（YouTube @minimalist_sibu）

参考ウェブサイト

・ユニクロ
https://www.uniqlo.com/jp/ja/
・ヘインズ
https://www.hanes.jp/
・「ヘインズのパックTシャツ６選。素材とサイズの違いを徹底解説」TASCLAP
https://mens.tasclap.jp/a1523
・adidas
https://shop.adidas.jp/
・「スタンスミス徹底解剖『定番スニーカーたる理由や歴史に迫る！』」OTOKOMAE
https://otokomaeken.com/masterpiece/28725
・ウーフォス
https://www.oofos.jp/
・無印良品
https://www.muji.com/jp/ja/store
・JINS
https://www.jins.com/jp/
・Apple
https://www.apple.com/jp/
・アブラサス
https://superclassic.jp/
・「『5分の１』の財布　アブラサスレビュー（3）」Minimal & Ism
https://minimalism.jp/archives/780
・シュパット
https://www.shupatto.com/
・CICIBELLA
https://www.cicibella.jp/
・iFace
https://jp.iface.com/
・BOSE
https://www.bose.co.jp/ja_jp/index.html
・SONY
https://www.sony.jp/
・Nintendo
https://www.nintendo.co.jp/
・Panasonic
https://panasonic.jp/
・マキタ
https://www.makita.co.jp/index.html
・BALMUDA
https://www.balmuda.com/jp/
・象印
https://www.zojirushi.co.jp/
・アイリスオーヤマ
https://www.irisohyama.co.jp/
・「１年後のミニマリズム②〜ミニマリズムは完成しない〜佐々木典士」Minimal & Ism
https://minimalism.jp/archives/1600
・ニトリ
https://www.nitori-net.jp/ec/
・カール・ハンセン＆サン
https://www.carlhansen.com/ja-jp/jajp

・「暮らしのかたちが変わっても直して使う世界のスタンダード Yチェア」D&DEPARTMENT PROJECT
https://www.d-department.com/item/YCHAIR.html
・「今さら聞けない名作家具『Yチェア』って何!?」STYLE
https://www.style-actus.com/item/y_chair/
・Aladdin X
https://www.aladdinx.jp/
・&be
https://andbe-official.com/
・hugkumi+
https://www.hugkumiplus.net/
・フィリップス
https://www.philips.co.jp/
・ウタマロ
https://www.e-utamaro.com/
・三菱鉛筆
https://www.mpuni.co.jp/index.html
・Wpc.
https://wpc-worldparty.jp/
・「和食の定番『鮭』。DHA・EPAを効果的に摂るための工夫とは？」Suntory Wellness
https://www.suntory-kenko.com/contents/brands/dha/meal/salmon.aspx
・「魚食にっぽん Vol.96 サバ食ブームはなぜ起きた？」日刊水産経済新聞
https://www.suikei.co.jp/gyoshoku/サバ食ブームはなぜ起きた？/
・ニチレイ
https://www.nichirei.co.jp/
・マイプロテイン
https://www.myprotein.jp/
・ストウブ
https://www.zwilling.com/jp/staub/
・イッタラ
https://www.iittala.jp/
・サーモス
https://www.thermos.jp/
・サイゼリヤ
https://www.saizeriya.co.jp/
・「サイゼリヤ飲みが話題！おつまみ人気ランキングTOP14を紹介！ 1人飲みにもおすすめ◎」イチオシ
https://www.ichi-oshi.jp/articles/limited/20375
・ワーナー・ブラザース
https://warnerbros.co.jp/
・集英社
https://www.shueisha.co.jp/
・iHerb
https://jp.iherb.com/
・「太陽光は万能薬!? うつ病からガン予防まで、『太陽ビタミン』のすごい効能 」ダイヤモンド・オンライン
https://diamond.jp/articles/-/3207
・「つみたてNISAの概要」金融庁
https://www.fsa.go.jp/policy/nisa2/about/tsumitate/overview/index.html

・「新NISAならSBI証券」SBI証券
https://go.sbisec.co.jp/lp/lp_nisa_231117.html
・「つみたてNISA（積立NISA）| NISA（ニーサ）：少額投資非課税制度」楽天証券
https://www.rakuten-sec.co.jp/nisa/tsumitate/
・「『Amazonプライム』会費、きょうから値上げ　年額4900円→5900円に」ITmedia ビジネスオンライン
https://www.itmedia.co.jp/business/articles/2308/24/news056.html
・「ふるさと納税とは？仕組みを初心者ガイドでわかりやすく解説！」ふるなび
https://furunavi.jp/beginner.aspx

本書で紹介したアイテム、サービス等に関する情報は、
書籍刊行時点のものであり、変更される場合があります。

監修者プロフィール

ミニマリストしぶ

澁谷直人　Naoto Shibuya

1995年生まれ、福岡県出身。2017年に開始した「ミニマリストしぶのブログ」は開設1年で月間100万PVを超える人気ブログに。海外2カ国でも翻訳された著書『手ぶらで生きる。見栄と財布を捨てて、自由になる50の方法』はAmazonベストセラー1位を記録。2018年に「Minimal Arts株式会社」代表取締役に就任。ミニマルな機能美を追求するアパレルブランド「less is _ jp」を監修。

取材協力ミニマリスト一覧（名前、SNS ID）は
こちらからもご覧いただけます
↓

https://www.sanctuarybooks.jp/bokunaze/

ぼくたちは、なぜこれを選ぶのか

2024年1月20日 初版発行

監修　ミニマリストしぶ

デザイン　井上新八
イラスト　西田真魚
DTP　エヴリ・シンク
編集協力　中田千秋

営業　市川聡／蒲原昌志（サンクチュアリ出版）
広報　岩田梨恵子／南澤香織（サンクチュアリ出版）
制作　成田夕子（サンクチュアリ出版）
編集　吉田麻衣子／鶴田宏樹（サンクチュアリ出版）

発行者　鶴巻謙介
発行所　サンクチュアリ出版
〒113-0023 東京都文京区向丘 2-14-9
TEL:03-5834-2507 FAX:03-5834-2508
https://www.sanctuarybooks.jp/
info@sanctuarybooks.jp

印刷・製本　中央精版印刷株式会社